PRESENTATION TECHNIQUES OF FASHION DESIGN

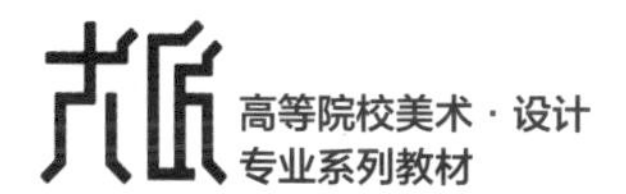

时装设计表现技法

帅斌 林钰源 总主编

杨秋华 郝永强 编著

SPM 南方传媒 | 岭南美术出版社

中国·广州

图书在版编目（CIP）数据

时装设计表现技法 / 帅斌，林钰源总主编；杨秋华，郝永强编著.—广州：岭南美术出版社，2022.7
大匠：高等院校美术·设计专业系列教材
ISBN 978-7-5362-7503-4

Ⅰ.①时… Ⅱ.①帅… ②林… ③杨… ④郝… Ⅲ.①时装—绘画技法—高等学校—教材 Ⅳ.①TS941.28

中国版本图书馆CIP数据核字(2022)第101217号

出 版 人：刘子如
总 策 划：刘向上
责任编辑：郭海燕　王效云
责任技编：谢　芸
装帧设计：黄明珊　罗　靖　黄金梅　朱林森
黄乙航　盖煜坤　徐效羽　郭恩琪
石梓洳　邹　晴
友间文化

时装设计表现技法
SHIZHUANG SHEJI BIAOXIAN JIFA

出版、总发行：岭南美术出版社（网址：www.lnysw.net）
（广州市天河区海安路19号14楼 邮编：510627）
经　　销：全国新华书店
印　　刷：东莞市翔盈印务有限公司
版　　次：2022年7月第1版
印　　次：2022年7月第1次印刷
开　　本：889 mm×1194 mm　1/16
印　　张：9
字　　数：157.2千字
印　　数：1—1500册
ISBN 978-7-5362-7503-4

定　　价：78.00元

《大匠——高等院校美术·设计专业系列教材》

/ 编 委 会 /

序一 『大匠』本位，设计初心

对于每一位从事设计艺术教育的人士而言，“大国工匠”这个词汇都不会陌生，这是设计工作者毕生的追求与向往，也是我们编写这套教材的初心与夙愿。

所谓“大匠”，必有“匠心”，但是在我们的追求中，“匠心”有两层内涵，其一是从设计艺术的专业角度看，要具备造物的精心、恒心，以及致力于在物质文化探索中推陈出新的决心。其二是从设计艺术教育的本位看，要秉承耐心、仁心，以及面对孜孜不倦的学子时那永不言弃的师心。唯有“匠心”所至，方能开出硕果。

作为一门交叉学科，设计艺术既有着自然科学的严谨规范，又有着人文社会科学的风雅内涵。然而，与其他学科相比，设计艺术最显著的特征是高度的实用性，这也赋予了设计艺术教育高度职业化的特点，小到平面海报、宣传册页，大到室内陈设与建筑构造，无不体现着设计师匠心独运的哲思与努力。而要将这些“造物”的知识和技能完整地传授给学生，就必须首先设计出一套可供反复验证并具有高度指导性的体系和标准，而系列化的教材显然是这套标准最凝练的载体。

对于设计艺术而言，系列教材的存在意义在于以一种标准化的方式将各个领域的设计知识进行系统性的归纳、整理与总结，并通过多门课程的有序组合，令其真正成为解决理论认知、指导技能实践、提高综合素养的有效手段。因此，表面上看，它以理论文本为载体，实际上却是以设计的实践和产出为目的，古人常言“见微知著”，设计知识和技能的传授同样如此。为了完成一套高水平的应用性教材的编撰工作，我们必须从每一门课程开始逐一梳理，具体问题具体分析，如此才能以点带面、汇聚成体。然而，与一般的通识性教材不同，设计类教材的编撰必须紧扣具体的设计目标，回归设计的本源，并就每一个知识点的应用性和逻辑性进行阐述。即使在讲述综合性的设计原理时，也应该以具体实践项目为案例，而这一点，也是我们在深圳职业技术学院近30年的设计教育实践中所奉行的一贯原则。

例如在阐述设计的透视问题时，不能只将视野停留在对透视原理的文字性解释上，而是要旁征博引，对透视产生的历史、来源和趋势进行较为全面的阐述，而后再辅以建筑、产品、平面设计领域中的具体问题来详加说明，这样学生就不会只在教材中学到单一枯燥的理论知识，而是能通过恰当的案例和具有拓展性的解释进一步认识到知识的应用场景。如果此时导入适宜的习题，将会令他们得到进一步的技能训练，并有可能启发他们举一反三，联想到自己在未来职业生涯中可能面对的种种专业问题。我们坚持这样的编写方式，是因为我们在学校的实际教学中正是以“项目化”为引领去开展每一个环节及任务点的具体设计的。无论是课程思政建设还是金课建设，均是如此。而这种教学方式的形成完全是基于对设计教育职业化及其科学发展规律的高度尊重。

提到发展规律问题，就不能绕过设计艺术学科的细分问题，随着今天设计艺术教育的日趋成熟，设计正表现出越来越细的专业分类，未来必定还会呈现出进一步的细分。因此，我希望我们这套教材的编写也能够遵循这种客观规律，紧跟行业动态发展趋势，并根据市场的人才需求开发出越来越多对应的新型课程，编写更多有效、完备、新颖的配套教材，以帮助学生们在日趋激烈的就业环境中展现自身的价值，帮助他们无缝对接各种类型的优质企业。

职业教育有着非常具体的人才培养定位，所有的课程、专业设置都应该与市场需求相衔接。这些年来，我们一直在围绕这个核心而努力。由于深圳职业技术学院位处深圳，而深圳作为设计之都，有着较为完备的设计产业及较为广泛的人才需求，因此我们学院始终坚持着将设计教育办到城市产业增长点上的宗旨，努力实现人才培养与城市发展的高度匹配。当然，做到这种程度非常不容易，无论是课程的开发，还是某门课程的教材编写，都不是一蹴而就的。但是我相信通过任课教师们的深耕细作，随着这套教材的不断更新、拓展及应用，我们一定会有所收获，为师者若要以“大匠”为目标，必然要经过长年累月的教学积累与潜心投入。

历史已经充分证明了设计教育对国家综合实力的促进作用，设计对今天的世界而言是一种不可替代的生产力。作为世界第一的制造业大国，我国的设计产业正在以前所未有的速度向前迈进，国家自主设计、研发的手机、汽车、高铁等早已声名在外，它们反映了我国在科技创新方面日益增强的国际竞争力，这些标志性设计不但为我国的经济建设做出了重要贡献，还不断地输出着中国文化、中国内涵，令全世界可以通过实实在在的物质载体认识中国、了解中国。但是，我们也应该看到，为了保持这种积极的创造活力，实现具有可持续性的设计产业发展，最终实现从“中国制造”向 “中国智造”的转型升级，令“中国设计”屹立于世界设计之林，就必须依托于高水平设计人才源源不断的培养和输送，这样光荣且具有挑战性的使命，作为一线教师，我们义不容辞。

“大匠”是我们这套教材的立身本位，为人民服务是我们永不忘怀的设计初心。我们正是带着这种信念，投入每一册教材的精心编写之中。欢迎来自各个领域的设计专家、教育工作者批评指正，并由衷希望与大家共同成长，为中国设计教育的未来做出更多贡献！

帅　斌

深圳职业技术学院教授、艺术设计学院院长

2022年5月12日

序二 致敬工匠

能否“造物”，无疑是人与其他动物之间最大的区别。人能“造物”而别的动物不能“造物”。目前我们看到的人类留下的所有文化遗产几乎都是人类的“造物”结果。“造物”从远古到现代都离不开“工匠”。“工匠”正是这些“造物”的主人。“造物”拉开了人与其他动物的距离。人在“造物”之时，需要思考“造物”所要满足的需求和满足需求的具体可行性方案，这就是人类的设计活动。在“造物”的过程中，为了能够更好地体现工匠的“匠意”，往往要求工匠心中要有解决问题的巧思——“意匠”。这个过程需要精准找到解决问题的点子和具体可行的加工工艺方法，以及娴熟驾驭具体加工工艺的高超技艺，才能达成解决问题、满足需求的目标。这个过程需要选择合适的材料，需要根据材料进行构思，需要根据构思进行必要的加工。古代工匠早就懂得因需选材，因材造意，因意施艺。优秀工匠在解决问题的时候往往匠心独运，表现出高超技艺，从而获得人们的敬仰。

在这里，我们要向造物者——“工匠”致敬！

一、编写“大匠”系列教材的初衷

2017年11月，我来到广州商学院艺术设计学院。我发现当前很多应用型高等院校设计专业所用教材要么沿用原来高职高专的教材，要么直接把学术型本科教材拿来凑合着用。这与应用型高等院校对教材的要求不相适应。因此，我萌发了编写一套应用型高等院校设计专业教材的想法。很快，这个想法得到各个兄弟院校的积极响应，也得到岭南美术出版社的大力支持，从而拉开了编写《大匠——高等院校美术·设计专业系列教材》（以下简称“大匠”系列教材）的序幕。

对中国而言，发展职业教育是一项国策。随着改革开放进一步深化和中国制造业的迅猛发展，中国制造的产品已经遍布世界各国。同时，中国的高等教育发展迅猛，但中国的职业教育却相对滞后。近年来，中国才开始重视职业教育。2014年李克强总理提道：“发展现代职业教育，是转方式、调结构的战略举措。由于中国职业教育发展不够充分，使中国制造、中国装备质量还存在许多缺陷，与发达国家的高中端产品相比，仍有不小差距。‘中国制造’的差距主要是职业人才的差距。要解决这个问题，就必须发展中国的职业教育。”

艺术设计专业本来就是应用型专业。应用型艺术设计专业无疑属于职业教育，是中国高等职业教育的重要组成部分。

艺术设计一旦与制造业紧密结合，就可以提升一个国家的软实力。“中国制造”要向“中国智造”转变，需要中国设计。让“美”融入产品成为产品的附加值需要艺术设计。在未来的中国品牌之路上，需要大量优秀的中国艺术设计师的参与。为了满足人民群众对美好生活的向往，需要设计师的加盟。

设计可以提升我们国家的软实力，可以实现“美是一种生产力”，有助于满足人民群众对美好生活的向往。在中国的乡村振兴中，我们看到设计发挥了应有的作用。在中国的旧改工程中，我们同样看到设计发挥了化腐朽为神奇的效用。

没有好的中国设计，就不可能有好的中国品牌。好的国货、国潮都需要好的中国设计。中国设计和中国品牌都来自中国设计师之手。培养优秀设计人才无疑是我们的当务之急。中国现代高等教育艺术设计人才的培养，需要全社会的共同努力。这也正是我们编写这套“大匠”系列教材的初衷。

二、冠以“大匠”，致敬“工匠精神”

这是一套应用型的美术·设计专业系列教材，之所以给这套教材冠以“大匠”之名，是因为我们高等院校艺术设计专业就是培养应用型艺术设计人才的。用传统语言表达，就是培养“工匠”。但我们不能满足于培养一般的“工匠”，我们希望培养“能工巧匠”，更希望培养出“大匠”，甚至企盼培养出能影响一个时代和引领设计潮流的“百年巨匠”，这才是中国艺术设计教育的使命和担当。

“匠”字，许慎《说文解字》称：“从匚，从斤。斤，所以做器也。”匚指筐，把斧头放在筐里，就是木匠。后陶工也称“匠”，直至百工皆以“匠”称。“匠”的身份，原指工人、工奴，甚至奴隶，后指有专门技术的人，再到后来指在某一方面造诣高深的专家。由于工匠一般都从实践中走来，身怀一技之长，能根据实际情况，巧妙地解决问题，而且一丝不苟，从而受到后人的推崇和敬仰。鲁班，就是这样的人。不难看出，传统意义上的“匠”，是具有解决问题的巧妙构思和精湛技艺的专门人才。

“工匠”，不仅仅是一个工种，或是一种身份，更是一种精神，也就是人们常说的“工匠精神”。“工匠精神”在我看来，就是面对具体问题能根据丰富的生活经验积累进行具体分析的实事求是的科学态度，是解决具体问题的巧妙构思所体现出来的智慧，是掌握一手高超技艺和对技艺的精益求精的自我要求。因此，不怕面对任何难题，不怕想破脑壳，不怕磨破手皮，一心追求做到极致，而且无怨无悔——工匠身上这种“工匠精神”，是工匠获得人们敬佩的原因之所在。

《韩非子》载：“刻削之道，鼻莫如大，目莫如小，鼻大可小，小不可大也。目小可大，大不可小也。”借木雕匠人的木雕实践，喻做事要留有余地，透露出“工匠精神”中也隐含着智慧。

民谚“三个臭皮匠，赛过一个诸葛亮”，也在提醒着人们在解决问题的过程中集体智慧的重要性。不难看出，“工匠精神”也包含了解决问题的智慧。

无论是“垩鼻运斤”还是“游刃有余”，都是古人对能工巧匠随心所欲的精湛技术的惊叹和褒扬。

一个民族，不可以没有优秀的艺术设计者。

人在适应自然的过程中，为了使生活变得更加舒适、惬意，是需要设计的。今天，在我们的生活中，设计已无处不在。

未来中国设计的水平如何，关键取决于今天中国的设计教育，它决定了中国未来的设计人员队伍的整体素质和水平。这也是我们编写这套“大匠”系列教材的动力。

三、“大匠”系列教材的基本情况和特色

“大匠”系列教材，明确定位为“培养新时代应用型高等艺术设计专业人才”的教材。

教材编写既着眼于时代社会发展对设计的要求，紧跟当前人才市场对设计人才的需求，也根据生源情况量身定制。教材对课程的覆盖面广，拉开了与传统学术型本科教材的距离。在突出时代性的同时，注重应用性和实战性，力求做到深入浅出，简单易学，让学生可以边看边学，边学边用。尽量朝着看完就学会，学完就能用的方向努力。“大匠”系列教材，填补了目前应用型高等艺术设计专业教材的阙如。

教材根据目前各应用型高等院校设计专业人才培养计划的课程设置来编写，基本覆盖了艺术设计专业的所有课程，包括基础课、专业必修课、专业选修课、理论课、实践课、专业主干课、专题课等。

每本教材都力求篇幅短小精练，直接以案例教学来阐述设计规律。这样既可以讲清楚设计的规律，做到深入浅出，易学易懂，也方便学生举一反三。大大压缩了教材篇幅的同时，也突出了教材的实践性。

另外，教材具有鲜明的时代性。重视课程思政，把为国育才、为党育人、立德树人放在首位，明确提出培养为人民的美好生活而设计的新时代设计人才的目标。

设计当随时代。新时代、新设计呼唤推出新教材，“大匠”系列教材正是追求适应新时代要求而编写。重视学生现代设计素质的提升，重视处理素质培养和设计专业技能的关系，重视培养学生协同工作和人际沟通能力。致力培养学生具备东方审美眼光和国际化设计视野，培养学生对未来新生活形态有一定的预见能力。同时，使学生能快速掌握和运用更新换代的数字化工具。

因此，在教材中力求处理好学术性与实用性的关系，处理好传承优秀设计传统和时代发展需要的创新关系。既关注时代设计前沿活动，又涉猎传统设计经典案例。

在主编选择方面，我们发挥各参编院校优势和特色，发挥各自所长，力求每位主编都是所负责方面的专家。同时，该套教材首次引入企业人员参与编写。

四、鸣谢

感谢岭南美术出版社领导们对这套教材的大力支持！感谢各个参加编写教材的兄弟院校！感谢各位编委和主编！感谢对教材进行逐字逐句细心审阅的编辑们！感谢黄明珊老师设计团队为教材的形象，包括封面和版式进行了精心设计！正是你们的参与和支持，才使得这套教材能以现在的面貌出现在大家面前。谢谢！

林钰源

华南师范大学美术学院首任院长、教授、博士生导师

2022年2月20日

前言

时装画是融合多种艺术与设计语言于一体的特殊绘画表现形式，具有艺术综合性和广泛商业性的特点。时装画作为时装设计的载体和时尚语言的艺术表达方式，在近现代服装设计史上占有重要的地位，也从多种角度推动了近现代时装设计的发展。时装画自诞生之日起，就充溢着创作者对服装时尚以及自我意识的多元理解与表达，蕴含着每位创作者特有的艺术理念与视觉表达语言。由古至今，无论东方还是西方，时装画一直以多种绘画形式与审美观念表达人与服装的关系、传达时尚设计理念，体现着非凡的艺术品位。随着科技的飞速发展和大众艺术审美的不断提升，时装画这一艺术创作形式也有了日新月异的拓展。数字化时代的计算机技术让时装画创作和传播变得更为迅速便捷，数字软件逐步成为时装画艺术家手中得力的创作载体和工具，5G网络的普及和数码印刷技术的飞速进步，让时装画艺术的传播更为便捷，成为大众熟知的一门艺术形式。

本书是两位作者在多年教学探索和设计实践中不断积累、完善而成的，收录了两位作者不同时期的时装画彩图和黑白线稿共计200余幅作品。书中除署名作品外均为两位作者的作品，此外还采用了谢宝琪、丁香、玄月、袁春然、彭晶以及国内外部分插画师的作品，在此一并表示感谢！特别感谢谢宝琪参与本书视频教程的拍摄，此外书中还采用了部分国内外优秀参考图片，均在文中标明作者，如有疏漏，敬请谅解。本书虽是作者倾力之作，但难免存在不尽如人意之处，还望业内外人士批评指正。

本书是一本专门介绍时装画知识和表现技法的专业书籍，主要内容包括时装画概述、时装画人体艺术表现、时装画的基础表现、彩色时装画的表现技法、时装画面料质感及风格表现、时装画的综合创新表现等方面。其中彩图采用了水彩、水粉、丙烯颜料、马克笔、拼贴、彩色铅笔等多种材料表现，还加入了电脑绘图的表现方法。在绘画技法上尝试多种表现方法，如晕染法、写意法、淡彩法、厚涂法、笔触法等，是作者对时装画教学过程的一次主动、有效的检视与呈现。本书涵盖了时装画技法的全部内容，适合本科、大专院校以及中职和各类培训学校服装与服饰设计专业的学生使用，亦能为从事服装与服饰设计行业的专业人士提供借鉴和帮助。本书对时装画教学的开展与提升具有较强的示范性、探索性和实验性。

目　录

1

第一章

时装画概述

第一节　时装画的概念与分类

一、时装画的概念

“时装画”一词，是由英文“Fashion Illustration”直译而来。准确地说，应该译为“时装插画”，因而时装画亦属于插画的范畴。就“时装插画”和“时装画”而言，“时装画”是一个涵盖范围较为宽泛的概念，它不仅在主体选择上突破了插画的一般范畴，在表现形态和意境传达等方面亦糅合各类艺术之长为一体，形成了一门独特的艺术形式，也使时装画艺术内涵和价值所在得以拓展和延伸。

时装画着重表现的是人体着装后的整体效果、文化内涵以及时尚气息，时装与人体是其两大主要表现要素，其中时装更是主体表现对象。时装画具有强烈的时代特征，画中展现的时装元素在不同程度上展现了各时期的文化潮流、意识形态以及社会、经济发展的状况。而且作为时装表现载体的时装画与时尚文化密不可分，要想将前卫的创意、经典的传承、时代的气息和时尚的诉求以独特的时装画语言加以表现，时装插画师必须有着敏锐的时尚嗅觉和独特、鲜明的个人风格。此外，时装画作为一种特殊的绘画表现形式，融合多种艺术与设计语言于一体，水彩、水粉、丙烯颜料、马克笔、中国画以及现代数码创作语言都是时装画可以借鉴的表现手法。同时，多种设计语言的综合也极大地丰富了时装画的艺术表现力。

诚然，时装画是伴随着社会和服装的发展而产生的，其独特的商业气息和浓郁的时代印记也是其重要的特征之一。它既不是纯艺术绘画，又区别于纯商业艺术，是介于多重领域之间，而似乎又是一种被“边缘化”和“特殊化”的特殊艺术形式。然而，时装画却因集传统与时尚、艺术与工艺于一体的特征，表现出强烈的社会文化内涵和时代艺术感染力，成为现在一种日臻完善、语言独特的艺术表现形式。

二、时装画的分类

细分来说，时装画的种类很多，包括时装草图、时装效果图、时装平面结构图、时装插画以及服装资料图五个方面。在这里我们从“画”和“图”两方面进行探究，“画”和“图”的区别在于“画”更注重艺术性的表达，“图”则重在设计创意表达。故而，一般将时装画划分为“时装画”和“时装效果图”两大类别。

（一）时装画

时装画主要指融合了多种艺术与设计语言的时装绘画类型，注重的是时尚的艺术感染力，以及反映当代服饰文化、物质及精神生活、流行趋势等，突显的是强烈的个人绘画风格、整体画面效果和艺术氛围，且表现手法多样化，追求绘画艺术的独特感染力与时尚潮流之融合。

为数不少的时装画是在成衣制作完成之后，为进一步表达主题氛围和时尚效果而绘制的。现在部分知名的时装插画师常常参照各大品牌秀场或者杂志上的时装大片进行创作，以完成对时装艺术的再创造，达到宣传、推广的目的，如袁春然（图1-1）、丁香（图1-2）的作品就是以此为创作来源。有的时装插画师甚至直接以时尚圈名人为创作对象进行作品的创意设计与表达，如近期网络走红的时装插画师——中国的Shinn Wen温馨、俄罗斯的Lena Ker，Elie Saab、Posen、Dior等品牌都是其创作灵感的来源。这类作品我们称作“表现类时装画”。除此之外，还有一类“创意类时装画”，这类时装画所表现的是艺术家脑海中的意向化或意念中的一些画面感觉与视觉符号，由此形成独特的从无到有的概念画作。如纽约的时装插画师Kelly Beeman的画作（图1-3）呈现出20世纪初的审美特点，用色块构建出服装和人物的模样，自成一体，具有强烈的装饰艺术风格。再如在Instagram上爆红，被Gucci钦点的Unskilled Worker（图1-4），以及与Coach和Estee Lauder等多个品牌合作的美国插画师Jeanette Getrost等人的作品都属于此类创意时装画。

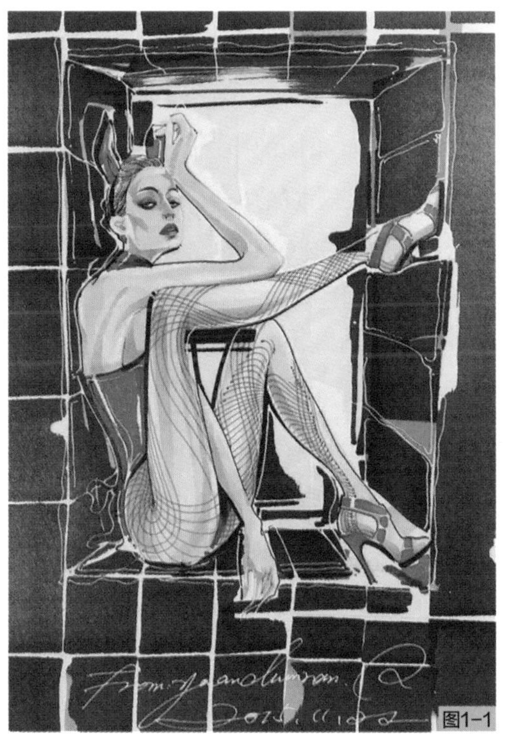

图1-1

图1-2

图1-3

图1-4

图1-1
袁春然作品

图1-2
丁香作品

图1-3
Kelly Beeman作品

图1-4
Unskilled Worker作品

（二）时装效果图

图1-5 《迪奥精神》 巴黎高级定制服装设计草图

“时装效果图”是由英文“Fashion Sketch”翻译而来，sketch一词含有“草图、略图、草稿、素描”之意，从这些词汇不难看出，时装效果图更注重的是灵感的快速捕捉和完整的创意表达，偏重表现服装款式结构、工艺说明以及面料特征等方面，所以在人体动态上通常不会做太多要求，一般会采用相对简单的人体动态以更好地展示设计作品的细节。绘制时装效果图是每位时装设计师必须具备的基本能力。由于时装效果图主要用于成衣生产流程的前期设计阶段，是对创意设计的成品预见性展示，因此更侧重于功用性。具体来说，时装草图（图1-5）、时装平面款式图（图1-6）和服装资料图也因其功能性特征而归属于时装效果图（图1-7）的范畴之中。

随着科技的发展，现在更多的服装企业会选择用电脑软件进行时装效果图的绘制，以顺应快节奏的商业时尚文化。电脑效果图（图1-8）也因其强烈而直观的视觉效果和细腻丰富的表现力，以及更为高效快捷的表达设计意图，而越来越得到设计师的青睐。但不得不说的是，手绘时装效果图在概念的表达和效果的烘托等方面，有着电脑绘画无法企及的艺术流畅性和人文语境的魅力。

由上述可见，时装画更侧重于艺术性和审美性的表达，蕴涵着设计师的设计意境、艺术修养以及思想情感，是艺术和技术的综合创作，每个细节都体现出设计师对艺术的诠释；时装效果图则侧重于功能性，其主要作用就是将设计师的设计意图进行准确表达，表现变化多样的服装款式、质感丰富的服装面料和整体服饰效果，以便进行后续决策和生产。虽然两者表现的侧重点有所不同，但两者之间依然存在着共性特征，艺术性强的时装效果图兼具了时装造型、工艺结构以及艺术效果，就可以称其为时装画。如一些时装设计大赛的参赛设计稿，为了能够在众多作品中脱颖而出，除了会将服装款式、色彩表现以及面料处理得恰到好处，还会注重对整体画面的艺术感染力的处理，这种作品真正达到了“图”与“画”的完美结合。

图1-6 时装平面款式图

图1-7 时装效果图

图1-8 电脑效果图 作者：谢宝琪

第二节　时装画的起源与发展

一、西方时装画的起源与发展

时装画最早起源于16世纪的欧洲，其雏形无疑是时装版画。时装版画的发展有三个阶段：第一个阶段称为“时装样本（Costume Book）时期”（16世纪30年代至17世纪第一个十年），由于当时的时装画以木版画表现为主，所以也被称为“木版画时期”，当时的时装木版画为成衣服装样式的再现。第二个阶段（17世纪20年代至18世纪60年代）时装木版画被更为细腻和艺术性更强的时装（铜）版画（Fashion Plate）所取代，故被称为“铜版画时期”。最初的时装版画作为杂志的插图或扉页出现，且以独幅为主，这些刻画精美、印刷精致的时装版画，在其商业性之外，也具有独特的艺术鉴赏价值，所以也常被作为装饰画悬挂在时装沙龙、商店以及美容院等场所，这极大地促进了时装版画的发展和普及。18世纪，由于欧洲服装业的兴盛，以及1759年英国创办的《女士杂志》和18世纪末法国发行的《流行时报》等定期发行的时装杂志，从多个领域推动了时装画的普及和发展（图1-9—图1-11），使欧洲时装画进入发展的第三个阶段（18世纪70年代至20世纪初）。“狭义上的时装版画（Fashion Plate）就是指以时装杂志中的插页为主的这个阶段。”

16—17世纪文艺复兴时期的时装版画代表人物有温斯劳斯·荷勒（Wenceslaus Hollar）和理查德·盖伊伍德（Richard Gaywood）。温斯劳斯·荷勒创作过2000多幅时装版画，被誉为最早的时装版画家。17世纪，第一份专门报道服装信息的报纸在法国诞生。“1672年，法国创刊了世界上第一本表现贵族生活和服饰时尚的杂志《麦尔克尤拉·嘎朗》，并公开向社会发行，起到了引导潮流的作用。”

18世纪的欧洲迎来了以女装为中心的服装史上的洛可可（Rococo）时期，同期，《时尚画廊》（*Galeries des Modes*）、《时尚衣橱》（*Cabinet des modes*）、《服饰纪念碑》（*Monument du costome*）、《奢靡与摩登》（*Journal der luxus und der moden*）等时装刊物大量发行，报纸、杂志的推

图1-9　晚礼服，1795年

图1-10　舞会用女装，1827年

图1-11　午后服，1885年

广使得时装资讯得以快速传播，也推动了服装产业的蓬勃发展，此时表现服装款式的时装画开始大量出现。此时期的时装版画为了迎合上层社会的审美趣味，主要以美化女性为主要的艺术风向，画面色彩绚丽、人物娇媚、服饰华贵。出生于比利时的安东尼·华托（Antoine Watteau，1684—1721）是此阶段的主要代表画家，他的作品中人物优雅曼妙、色彩艳丽华贵，具有梦幻般的装饰风格（图1-12）。同时，随着雕刻技艺和铜版画创作水平的进步，时装画开始由单一服装款式的再现，逐渐变成系列服装推广，其表现形式也越来越精彩和多样，背景及服装细节的处理也有了长足的进步，如奇特的发式，相关的帽、鞋元素以及精美的室内陈设、流行建筑等都会出现在时装画中。与此同时，时装界的平民风日渐兴盛，贵族风逐渐消隐，时装画开始在平民阶层广泛流传。

图1-12　Antoine Watteau 速写

18世纪末爆发的法国大革命对于欧洲的政治和经济都产生了极大的影响。1804年拿破仑执政后，在服装上追求奢华和装饰，新古典主义和浪漫主义风潮兴起。受其影响，此时期的时装画色彩典雅唯美，充满浪漫主义的气息。其时装画以表现女性交流的生活片段为主要内容，偶有儿童形象出现在画面中，但几乎不会出现男性形象，且不强调背景的刻画。19世纪下半叶，法国工业革命的再次兴起，也带动了服装业以及从事时装绘画的画家的崛起，此时的代表者主要是科林（Colin）家族，其作品将绘画艺术和时装绘画紧密结合，对时装绘画领域影响深远。19世纪后期，随着社会的发展，传统的版画表现形式开始显得陈旧和落后，此时出现的水彩时装画以其独有的新颖的表现手法而受到青睐，时装画开始脱离某种单一的绘画艺术形式，摆脱了作为绘画附庸的属性，逐渐形成了具有自己独特表现形式的一种绘画形态。

19世纪末20世纪初，众多艺术流派的兴起对时装画的发展产生了积极的推动作用。新艺术运动（Art Nouveau，1890—1914）以极具节奏感的装饰性曲线为主要特征，此时期的时装画深受其艺术风格的影响，虽然仍以写实为主要表现手法，但线条变化丰富、色彩绚丽多彩且整体造型通常采用优美的“S”形造型表现。迪考艺术（Art Deco，1910—1939）也被称为“装饰艺术风格”，是新古典主义到现代主义的过渡，它将传统元素和时尚元素相结合，主张简洁明快，线条夸张简练，强调现代感和机能化的美，对时装画的影响主要表现在注重人物形象的变形和提炼，追求几何线条、对称性的装饰风格。

20世纪初，画家伊瑞布（Paul Iribe）将法国服装设计师彼埃丽特（Pierrette）的女装设计，以手绘的方式绘制成册并出版发行，时装画艺术出现了突破性的发展，打破了过去几个世纪以来单一的版画艺术表现形式，而以新的艺术形式呈现在人们面前，自此独立的时装画家应运而生。英国的现代艺术画家威廉姆·莫里斯（William Morris）和亚寒·拉森比·里伯斯（Arthur Iasenby Liberth），倡导前拉斐尔派女士服饰装扮，这种具有强烈的东方风情的装饰风格，对当时的时装画向象征主义的转变起到了引领作用。此时期的时装画代表人物主要有查尔斯·沃斯（Charles Frederick Worth，图1-13）、保罗·波列

（Paul Poiret）、奥博瑞·比亚兹莱（Aubery Beardsley）和阿尔丰斯·穆夏（Alphonsc Mucha，图1–14）等。

20世纪30年代，在不断涌现的艺术流派和众多时装杂志的推动下，时装画进入前所未有的辉煌时期。受野兽主义、表现主义、立体主义、超现实主义、未来主义、达达主义等的影响，时装画开始摆脱新艺术运动的影响，作品中充满强烈的个性风格，画作整体气质鲜明、品位独特、风格迥异。由于此时摄影技术还不发达，*Vogue*、*La Gazette du Bon Ton*、*Pochoir*和*Harper's Bazaar*等时装杂志主要依赖时装画来推广当时的时尚服饰流行趋势，时装画家成为当时的热门职业，一批优秀的时装画家应运而生，代表人物有艾尔特（Erte，图1–15）、艾里克（Eric）、威廉姆兹（Rene Bouet-Willaumez）、本尼通（Benito）、勒内·布歇尔（Rene Bouche）等。

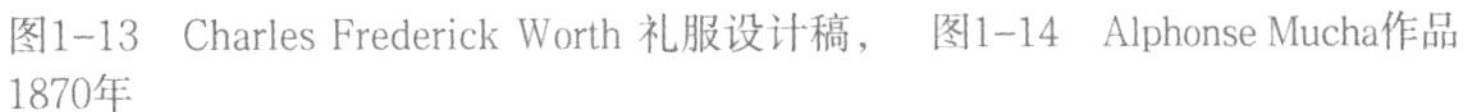

图1–13　Charles Frederick Worth 礼服设计稿，1870年

图1–14　Alphonse Mucha作品

图1–15　Erte 作品

20世纪30年代末，随着摄影技术的发展与普及，服装产业的营销与宣传大多依托服装广告摄影画面的视觉冲击与影响而展开，随后时装摄影迅速取代了时装画的显赫地位。第二次世界大战使整个欧洲陷入动荡，巴黎许多时装杂志停刊，此时美国创刊发行英文版*Vogue*，欧洲时装画家们大多逃亡至纽约维持生计，欧洲的时装画发展受到严峻的考验。1958年和1963年，艾里克（Eric）和勒内·布歇尔（Rene Bouche）相继离世，欧洲的时装画进入青黄不接的断层时期。与此同时，美国的时装绘画开始崭露头角，受到前卫现代艺术的影响，时装画家用鲜艳的色彩、线形的轮廓和优美的人体姿态来诠释时装画，代表人物有史蒂文·史迪波尔曼（Steven Stipelman）、肯尼思·保尔·布洛克（Kenneth Paul Block）、本·莫里斯（Ben Morris，图1–16）等。

图1–16　Ben Morris作品

20世纪60年代掀起的“年轻风暴”，使全世界呈现出生气勃勃的时尚新气象，时装业蓬勃发展，玛丽·奎特（Marry Quant）和芭芭拉·荷兰尼克

（Barbara Hulanicki）在伦敦开创款式多变、流行迅速的平民化女装新天地。此时，时装摄影也因快而准确的特点越来越受到时装杂志的青睐，时装画陷入有史以来的低谷时期，但时装画仍然以其独特的时尚性和艺术感染力在时装界占有一席之地。

图1-17　Viramantes作品

20世纪70—90年代，时装画独有的艺术表现力和其兼具审美价值与商业价值的特性重新开始被大众所青睐，*Lamadeen Pinture*和*Vanity*杂志大量刊登时装画，涌现出一批优秀的时装画家，如皮尔·让唐（Pierre Le Tan）、纳雅（Nadja）、埃莱娜·特朗（Helene Tran）、威拉蒙特（Viramantes，图1-17）等。此外，“二战”后，时装设计师与插画家开始互相渗透。一方面，服装设计师的绘画水平有了很大的提高，设计师以其娴熟的表现技巧，进一步推动时装画的发展；另一方面，有设计才华的时装画家加入了设计师的行列，如伊夫·圣·罗朗（Yves Saint Laurent，图1-18）、卡尔·拉格菲尔德（Kail Lagerfeld）、范思哲（Gian Versace，图1-19）、约翰·加利亚诺（John Galliano，图1-20）、亚历山大·麦昆（Alexander Mc Queen，图1-21），以及日本的高田贤三和矢岛功（图1-22）等。

进入21世纪，虽然多数服装品牌不再注重时装画的广告效应，但近几年越来越多的大牌开始使用时装插画来显示自己的与众不同，集纯绘画艺术、时装设计、商业性于一体的时装插画艺术，借助信息传播的多元化进入了一个崭新的发展时期。21世纪初，时装画的代表人物有克里斯托弗·凯恩（Christopher Kane）、大卫·当顿（David Downton，图1-23）、凯西·霍恩（Cathy Horyn）、阿托路·伊利娜（Arturo Elena，图1-24）等。

图1-18　Yves Saint Laurent手稿

图1-19　Gian Versace手稿

图1-20　John Galliano手稿

图1-21　Alexander Mc Queen手稿

图1-22　矢岛功作品

图1-23　David Downton作品

图1-24　Arturo Elena作品

二、中国时装画的起源与发展

由《易・系辞》中记载的“黄帝、尧、舜垂衣裳而天下治”可知，中国古代服饰文化有着悠久的历史，历经24个朝代更迭的古代服饰更是绚丽多彩。中国古代描绘人物的绘画作品众多，从战国、西汉墓葬中出土的帛画到唐代周昉的《簪花仕女图》（图1-25）、张萱的《捣练图》，再到明代唐寅的《孟蜀官伎图》（图1-26），以及仇英的《汉宫春晓图》（图1-27），虽然这些绘画中人物形象和服饰都描绘得惟妙惟肖，然而这些绘画作品却只能称为人物画，与现代意义的时装画有着本质的区别。

目前，学术界认为真正意义上的中国时装画应该始于19世纪末上海出现的以仕女为题材的月份牌广告画。月份牌广告画在20世纪20—30年代达到鼎盛。在“西风东渐”的民国时期，时装绘画主要有两种，一为“月份牌时装画”，二为“杂志时装插图”。虽然当时的月份牌主要以临摹既有服装款式为主，却也极大地推动了当时的时装流行趋势，为此有学者称，从月份牌中可以读出半部民国“更衣记”。月份牌的作者主要有郑曼陀、杭稺英、李慕白、金雪尘、金梅生、谢之光、徐咏青、胡伯翔、倪耕野、吴志厂等。（图1-28—图1-31）但杜宇是早期转向绘制时装画的画家。1920年《时报》开辟“新妆图说”，增加发行图画周刊，就是由但杜宇逐期编绘，反响甚好。此后各报刊纷纷仿效，1926年创刊的《良友》《三六九》等杂志都开设了时装专栏，邀请当时的画家为其绘制时装插画。如当时上海滩极受追捧的《玲珑》杂志，是由大画家叶浅予执笔，而天津《北洋画报》则邀请了李珊菲绘制。创刊于1928年的《上海漫画》也刊发了大批叶浅予、丁悚、张光宇、方雪鸪、王敦庆、黄文农等人的时装画，其中以叶浅予的时装画（图1-32）最受欢迎。而后的《美术杂志》专门为方雪鸪开设了以时装画为主的新装专栏（图1-33）。

图1-25 《簪花仕女图》局部

图1-26 《孟蜀官伎图》局部

图1-27 《汉宫春晓图》局部

图1-28 郑曼陀月份牌作品

图1-29 杭稺英月份牌作品

图1-30 倪耕野哈德门广告月份牌作品

图1-31　民国时的月份牌

图1-32　叶浅予时装画作品

图1-33　方雪鸪时装画作品

20世纪40年代至50年代末，《苏联画报》《妇女工作者》《苏联妇女》等具有时装专栏的杂志传入，再次唤醒了中国人民对时装美的追崇。1956年中央工艺美术学院成立，同时开设服装研究室，开启了中国服装设计的新纪元。但这一时期中国艺术界相对封闭保守，服装画的发展受到了极大的制约。70年代末改革开放以来，我国有了翻天覆地的变化，随着国家对教育事业的大力扶持，以及服装行业的蓬勃发展，时装画也越来越成熟和多样化，涌现出一批优秀的服装设计艺术家，如刘元风（图1-34）、李克瑜、张肇达（图1-35）、吴海燕、王新元等。进入21世纪，一批批新锐设计师不断开拓创新，如邹游（图1-36）、凌雅丽（图1-37）、邱昊、谢峰、刘蓬（图1-38）等，他们虽然不是专门的时装画家，但他们的时装画却充满着强烈的个人风格特征和浓厚的时尚气息，为当今的时装画发展起到了引领作用。如今，中国又涌现出一批国内外知名的年轻一代时装插画师，如梁毅、徐喆（图1-39）、Shinn Wen温馨（图1-40）、袁春然、丁香、玄月（图1-41）等，这些年轻的时装插画师们为中国时装画的发展注入了鲜活动力与艺术创造力。

图1-34　刘元风作品

图1-35　张肇达作品

图1-36　邹游作品

图1-37　凌雅丽作品

图1-38　刘蓬作品

图1-39　徐喆作品

图1-40　Shinn Wen温馨作品

图1-41　玄月作品

三、中西方早期时装画之比较

（一）起源、背景之比较

西方早期的时装画是起源于16世纪的时装版画，而中国的时装画最早出现在19世纪末期，二者在产生时间上相差了300多年。但通过研究，我们不难发现二者产生的背景有相似之处，二者都是在当时社会经济形态和文化领域的巨大变革冲击下产生的。

西方的时装版画最初产生时只在欧洲贵族和上流社会中流行，是一种贵族专属的小众时尚，直到中后期才开始盛行平民化，其从产生到大众化普及经过了相当长的时间。在中国，民国时期的时装画受到西方服饰文化的影响，其肇始就是面向大众群体的，表现内容贴近大众生活，突出大众传播性和商业艺术价值，具有浓厚的商业特征。当时时装画的出现和发展与纸质媒体、月份牌时装画，以及小说插图的盛行，都有着密切的关联。

（二）表现内容之比较

就表现内容方面，首先，如果从中西时装画起源的初期来讲，西方早期的时装版画和民国的月份牌在表现内容上有相似之处，多数都是对当时社会流行的服装样本已有形象的记录和模仿，鲜有涉及款式创造方面的内容。但不可否认的是，二者对于当时传播的流行时尚都起到了积极作用。其次，如果从相同历史时期来看的话，20世纪初，西方时装画受新艺术运动的影响出现了突破性的发展，开始出现针对服装设计的时装画册，时装画以新的艺术形式得以呈现；而民国初期的时装画虽然题材丰富，部分作者的作品中有一定的设计与创意成分，但主要表现内容仍然以美女和流行服饰以及生活方式为主，侧重于对当时社会时尚的临摹和描述。

（三）表现技法之比较

就表现技法而言，西方早期的时装版画在长达三个世纪的时间里，主要运用木版雕刻或铜版雕刻的传统的版画技法，用黑白素描或者淡彩技法来表现服饰和整体画面。直到19世纪用水彩绘制的时装画才出现，打破了长期以来单一的时装版画形式。20世纪受众多艺术流派的影响，时装画家们开始尝试采用多种表现技法来创作时装画。如果与西方早期的时装版画比较的话，民国时期的时装画或者说“月份牌”的表现技法更为多样，但放到相同时间背景下进行比较，不难看出月份牌时装画的多种技法表现也正是因为借鉴了当时西方素描和水彩表现技法才形成的。此时西方的时装画受到新样式艺术和迪考艺术的影响而趋向于装饰风格，表现手法多以版画和水彩画为主；民国时期的月份牌时装画则将中国画的白描法、水墨画法与西方的线描法、水彩画法以及色粉画法等相融合，形成了自己独特的中式、西式以及中西式结合的三种表现风格并行不悖的局面，也出现了由郑曼陀独创、杭穉英发扬光大的擦笔水彩技法，此种技法在此后的月份牌时装画中广泛应用。在以线描为主的时装画中，叶浅予、丁悚、张光宇、方雪鸪、黄文农等也借鉴了漫画的特点，线条简洁，形象夸张，各具个性，为后期的时装画发展奠定了很好的基础。

中西方时装画嬗变及特征之比较见表1：

表1　中西方时装画嬗变及特征之比较

时期	西方				时期	中国			
	表现内容	表现技法	主要特征	代表人物		表现内容	表现技法	主要特征	代表人物
16世纪30年代至17世纪第一个十年	主要为此时期流行的成衣服装样式的再现	木版雕刻	以木版画表现为主，流行周期长，大多是已有服装样式的复制（有证可考的西方时装画的开始）	温斯劳斯·荷勒、理查德·盖伊伍德	16世纪至20世纪初	宫廷纪实及生活记载	绢本设色，人物白描	实景、实物的真实写照，只能称为人物画，不是真正意义上的时装画	仇英等

（续表）

<table>
<tr><th rowspan="2">时期</th><th colspan="4">西方</th><th rowspan="2">时期</th><th colspan="4">中国</th></tr>
<tr><th>表现内容</th><th>表现技法</th><th>主要特征</th><th>代表人物</th><th>表现内容</th><th>表现技法</th><th>主要特征</th><th>代表人物</th></tr>
<tr><td>17世纪20年代至18世纪60年代</td><td>开始出现预测性服装设计作品，由单一服装款式的再现，逐渐变成系列服装推广</td><td>铜版雕刻、蚀刻法等</td><td>以铜版画表现为主，以美化女性为主要的艺术风向，画面色彩绚丽、人物娇媚、服饰华贵</td><td>安东尼·华托</td><td rowspan="2">16世纪至20世纪初</td><td>皇家人物肖像，装饰画，历史绘画，纪实绘画</td><td>绢纸设色，工笔国画、油画等</td><td rowspan="2">实景、实物的真实写照，只能称为人物画，不是真正意义上的时装画</td><td>郎世宁等</td></tr>
<tr><td>18世纪70年代至20世纪初</td><td>已有服装样式和流行预测设计兼具</td><td>铜版雕刻、蚀刻法、水彩表现等</td><td>以表现女性交流的生活片段为主要内容，色彩典雅唯美，充满浪漫主义的气息</td><td>科林家族</td><td>以皇家人物或者大众生活的纪实性绘画为主</td><td>工笔国画，纸本水彩画、水粉画、油画等</td><td>广州“外销画”</td></tr>
<tr><td>20世纪初</td><td>时尚服饰流行趋势的推广</td><td>开始出现多种技法表现形式</td><td>受新艺术运动和迪考艺术的影响，以极具节奏感的装饰性曲线以及追求几何线条、对称性的装饰风格为主要特征</td><td>查尔斯·沃斯、保罗·波列、奥博瑞·比亚兹莱和阿尔丰斯·穆夏等</td><td rowspan="3">20世纪</td><td>以中国传统仕女为题材，主要为此时期流行的生活方式及服装款式的再现</td><td>多种技法表现形式（学术界认为真正意义上的中国时装画的开始）</td><td>借鉴西方写实的“理性”表达，细致刻画服饰的写实形态，主要是对已有形象的再现</td><td>郑曼陀</td></tr>
<tr><td>20世纪30年代</td><td>首次出现服装设计的时装画册</td><td>多种技法并行，但仍以水彩为主导</td><td>在众多艺术流派的推动下，时装画充满强烈个性风格，画作整体气质鲜明、品位独特、风格迥异</td><td>艾尔特、艾里克、威廉姆兹、本尼通、勒内·布歇尔等</td><td>时尚服饰的传播与流行推广</td><td>多种技法并行，将中国画的白描法、水墨画法与西方的线描法、水彩画法以及色粉画法等相融合，开创擦笔水彩技法</td><td>中式、西式以及中西式结合的三种表现风格并行</td><td>杭稺英、叶浅予、方雪鸪等</td></tr>
<tr><td>20世纪40—50年代</td><td>服装设计款式及着装效果推广</td><td>多种技法并行，但仍以水彩为主导</td><td>受“二战”影响，欧洲时装画市场萎缩，美国时装画发展受到前卫现代艺术的影响，时装画表现出鲜艳的色彩、线形的轮廓和优美的人体姿态的特征</td><td>史蒂文·史迪波尔曼、本·莫里斯、迪奥等</td><td>40年代初，以月份牌内容为主，画面取消了日历，全然以时装和美女为主</td><td>中国画的白描法、水墨画法与西方的线描法、水彩画法以及色粉画法等相融合</td><td>具有时装插画的表现特征</td><td>张碧梧</td></tr>
</table>

（续表）

时期	西方				时期	中国			
	表现内容	表现技法	主要特征	代表人物		表现内容	表现技法	主要特征	代表人物
20世纪60年代	时装设计推广、广告时装插画	以水彩为主导	未来主义风格特征（时装画陷入有史以来的低谷时期）	安东尼奥·鲁佩兹	20世纪	50—60年代，服装款式受苏联影响较大	线条勾勒形体，塑造人物形象	时装画以写实为主，人物比例适度，具有职业化、平民化的特点	张碧梧
20世纪70—90年代	艺术、时装插画、时装设计并重，表现内容丰富	多种技法并行，水粉、水彩、丙烯颜料、马克笔等	兼具纯绘画艺术、时装设计、商业性	皮尔·让唐、威拉芒特、伊·圣·罗朗等		主要以表现时装设计为主，开始尝试时装插画的个性表达	多种技法并行，水粉、水彩、丙烯颜料、马克笔等	主要以表现时装款式设计为主，绘画风格受西方影响较大	刘元风、张肇达、吴海燕等
21世纪	时装插画、时装效果图以及装饰性时装画	多种传统技法的突破和尝试，电脑数字化技术	兼具艺术表现力、审美价值与商业价值	克里斯托弗·凯恩、大卫·当顿、凯西·霍恩、阿托路·伊利娜等	21世纪	时装插画、时装效果图以及装饰性时装画	多种传统技法的突破和尝试，电脑数字化技术	兼具艺术表现力、审美价值与商业价值	邹游、刘蓬、袁春然等

第三节　时装画与服装设计的关系

时装画是服装设计师创作构思和立意的一种表现形式，它由最初的单一记录服装款式的功能，逐渐发展出表达设计意图、预测流行趋势等多种功能，在服装设计流程中的作用日益重要。与任何一类设计专业相同，设计构思首先需要用绘画形式来实现。设计师将灵感通过视觉形象表达出来，预示成衣在人体上的穿着效果，表现了设计师对自己的构想从产生到成熟及确定的一个过程。因此，时装画与服装设计存在着表达设计理念、强化设计表现风格、物化设计过程导向三个方面的关系。

服装设计经历了从平面到立体的创作过程，是一项需要不断完善的创造性活动。早期时装画还没有普及的时候，人们对其的认识并不充分，只是觉得时装画比传统的直接裁剪的方法更为有效。传统的服装制作主要以裁缝为主，往往是凭借裁缝的经验在裁片上进行反复修改最后制作，在此过程中并没有具体、清晰的设计概念。而单从设计构思的角度而言，作品的雏形就是从设计师不断地勾勾画画与反复地否定中诞生的。而时装画则可以将设计师的设计构想预先完整地表现在纸面上，其后依据设计图，从平面制版或立体剪裁到样衣的制作、修改与成品的完成，逐步成形。这样既能避免反复修改的麻烦，又能充分体现设计师的设计风格，是比用面料来裁剪缝制服装样品、表达设计意图更为准确、快捷的一种手段。从一定意义上讲，绘制时装画也正是设计的开始，时装画的绘制完成也就意味着设计方案和服装造型的基本确定。虽然在之后的各个实施环节中会有一些调整和修订，但一般不会有太大的变动。所以对于设计师而言，熟练地绘制时装画就如同工艺师娴熟地摆弄布料，是一项必备的技能。在实际操作中，很多时装设计公司会为设计师出命题作文，就是提前给出设计师设计的大概范围，如提供当季度相应的面料、花色以及服装的轮廓等，让设计师根据指定方向进行设计，从而避免浪费。

香奈儿曾经说过，当有人夸奖她设计的服装很漂亮，她并不会因此而高兴，只有说穿着这件衣服真漂亮时，服装的设计才算是成功的。这说明服装设计并不是孤立的，它所涉及的范围非常广泛，既包括与服装相配的饰物，如帽子、眼镜、围巾、腰带、手套、包、鞋、袜、首饰（包括头饰、耳环、项链、胸饰、手镯、戒指）等，同时还包括人物、场合的定位等其他因素。于是从时装画开始，设计师就必须考虑以上种种因素。在绘制的过程中，通过个性化的人物造型增强画面艺术的感染力，确立人物的定位。例如在绘制晚礼服的过程中，我们就要考虑到首饰、鞋子或者手套等配饰的设计；而在休闲服装的时装画中，我们可以加入包袋等的附件设计。设计师通过时装画的各种技法辅助个人创意，表达艺术感受，或是以场景的刻画加强服饰氛围，强化设计表现风格。

第四节　时装画使用的工具和材料

时装画使用的工具和材料大致分为常用工具、颜料、纸张以及特殊工具几大类。对于特殊技法的时装画，可以选用喷笔等特殊工具。

一、笔类

铅笔——铅笔的种类较多，有软硬之分，一般可选用B或2B的自动铅笔起稿。

彩色铅笔——有水溶性和不溶于水两种，且色彩种类繁多。水溶性彩色铅笔，可以在绘制后，利用清水渲染而达到水彩的效果，同时也可做一般性彩色铅笔使用。（图1-42）

勾线笔——也叫绘图笔，笔尖有粗细之分，从0.1mm到0.9mm都有。勾线笔适合表现连续、均匀、弯曲的线。（图1-43）

炭笔——包括炭画笔、炭精条等。炭笔的颜色比铅笔要重，所以在用铅笔感到颜色深度不够时，可采用绘图炭笔、钢笔或马克笔等。但由于炭笔的黏附力不强，在绘制后，可配合使用绘画用定型液，以解决炭笔着色后附色牢固性不足的问题。（图1-44）

马克笔——有两种类型，一种为油性马克笔，另一种是水性马克笔。笔头的形状有尖头形和斧头形两种。尖头形适合勾线，斧头形用于大面积涂色。马克笔的颜色种类繁多，是一种非常实用和理想的设计工具。因为马克笔既可以表现线和面，又不需要调制颜色，且颜色干燥快，所以用马克笔作画，是各种效果图的绘制技巧中较为快捷的一个方法。（图1-45）

蜡笔、油画棒——同属于油性的绘画工具，有多种颜色可以选择。在时装画中多局部使用，可以先用蜡笔或者油画棒画出图案，再用水粉或者水彩直接覆盖，由于其具有不溶于水的特性，所以可以产生

意想不到的视觉效果。（图1-46）

毛笔——常用白云笔（大、中、小号）、狼圭、叶筋笔、衣纹笔、花枝俏等，可根据其不同的软硬度进行选择。羊毫的特点是含水量较大，蘸色较多，优点是一笔涂出的颜色面积较大，缺点是由于含水量太大，画出的笔触容易浑浊，不太适合细节刻画。狼毫的特点是含水量较小，比羊毫的弹性要好，适合局部细节的刻画。（图1-47）

水粉笔——用于表现水粉效果或干画法，常用扁平头的羊毫与狼毫混合型。（图1-48）

水彩笔——有圆头和扁头两种，可根据绘画的不同需要进行选择。（图1-49）

尼龙笔——选择尼龙笔的时候，要特别注意它的质地，要软且具有弹性，切忌笔锋过硬。过硬的笔锋往往很难蘸上颜料，在画面上容易拖起下面的颜色，使覆盖力大为降低。（图1-50）

高光笔——是在美术创作中提高画面局部亮度的好工具。笔的覆盖力强，在描绘衣纹时尤为必要，适度地给以高光会使衣纹生动、逼真起来。

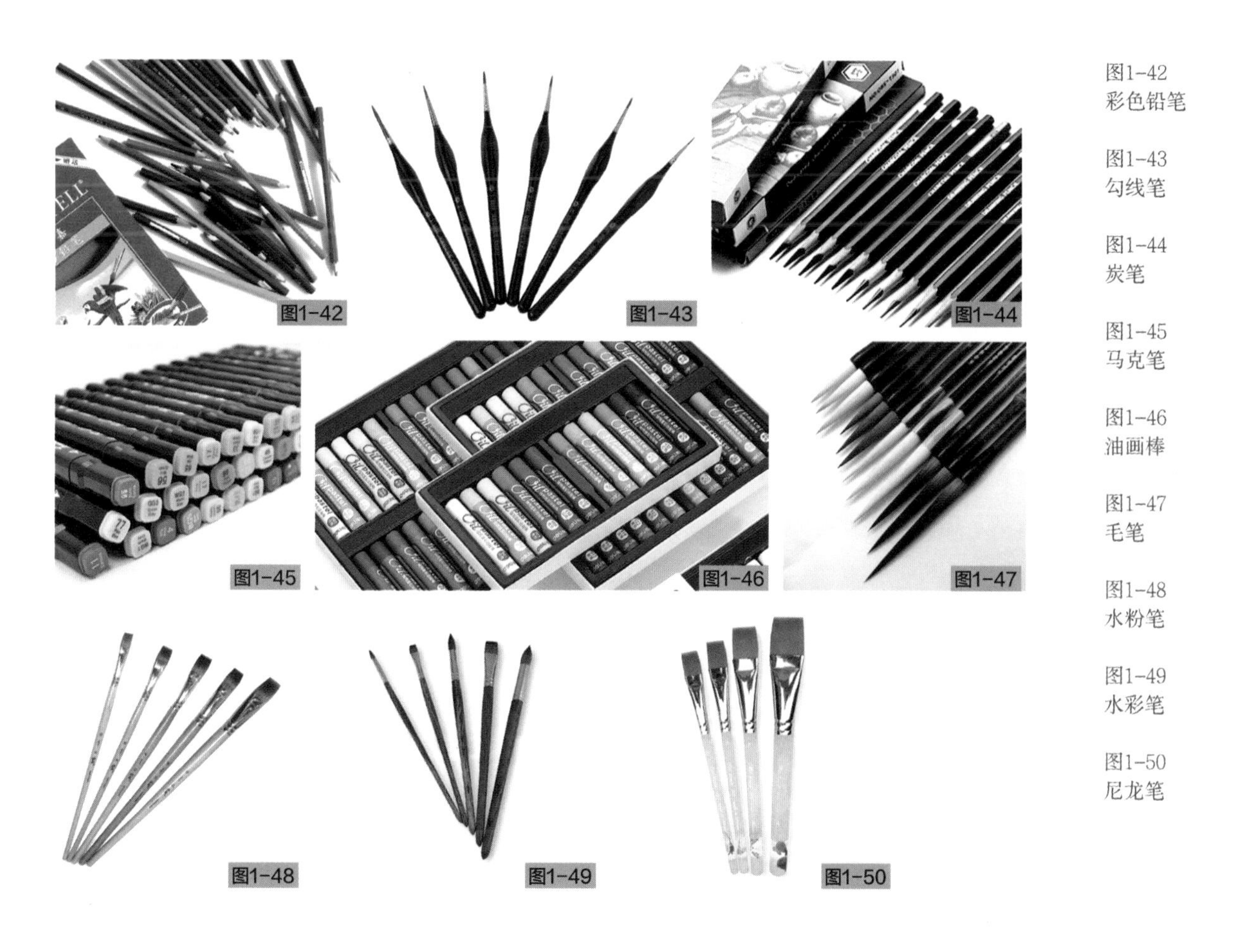

图1-42 彩色铅笔

图1-43 勾线笔

图1-44 炭笔

图1-45 马克笔

图1-46 油画棒

图1-47 毛笔

图1-48 水粉笔

图1-49 水彩笔

图1-50 尼龙笔

二、纸类

水粉纸——是针对水粉画创作使用的一种专用纸，它的优点是纸张较厚，有纹理，吸水力比普通纸强。缺点是当水分比较多或颜料比较厚时，纸还是会微皱或卷起。所以画画时，纸张一定要固定好。

水彩纸——吸水性远高于一般纸（包括水粉纸），纸纹有粗细之分，纸面纤维较强壮，不易因重复涂抹而破裂、起球。水彩纸有许多种，主要分为棉质和麻质两种，麻质的厚纸适合画细致深入的主题，而棉质的则更适合画一些有渲染或晕染等特殊肌理效果的作品。

素描纸——适合表现素描效果，但由于吸水性极强，容易使颜色显得灰暗，所以一般不建议画色彩。

卡纸——包括黑白卡纸和色卡纸，卡纸的吸水性较差，尤其是高度光滑的纸质更会产生排斥水粉颜料的现象，所以一般画平涂效果时不建议用卡纸。

底纹纸——有不同的底纹和多种颜色可以选择，纸质较厚，吸水性较强，适用于水粉、水彩、铅笔等多种工具的表现，也可以巧妙地利用其颜色和肌理表现特殊效果。

三、颜料

水粉——又称广告色，颜料不透明，有很强的覆盖性。水粉颜料通常湿的时候明度较低，颜色较深；干的时候明度较高，颜色较浅。水粉颜料的深浅用加白色的多少来调整，白色加得越多，颜色越浅。调配水粉颜料要控制好加水量，加水量过少，色浓发涩，拉不开笔；加水量过多，则色块涂不均匀。一般要求调配水粉颜料的加水量不宜多，只要运笔不涩即可。另外，水粉颜料在加水较多时也可以作为淡彩来用，但其透明性比水彩差。

水彩——水彩颜料透明度高，其深浅是靠调整加水量的多少来控制的。较多的颜色是透明或半透明的，其中以普蓝、柠檬黄、翠绿、玫瑰红等色最为透明。次之是群青、橘黄、朱红等。土红、土黄、煤黑、褐色属于不很透明，但若多加水调和，降低其浓度，也可达到透明效果。水彩颜料湿的时候和干后色彩效果大体一样，一般不会发生变化。但水彩画作品经过一定的年月，易于褪色、变色，所以应重视作品的收藏和保护。

丙烯颜料——出现于20世纪60年代，干燥后为柔韧薄膜，坚固耐磨，耐水，抗腐蚀，抗自然老化，不褪色，不会变质脱落，画不反光，画好后易于冲洗。它可以一层层反复堆砌，画出厚重的感觉；也可加入粉料及适量的水，用类似水粉的画法覆盖重叠，画面层次丰富而明朗。

四、辅助工具

画效果图时除了用到以上的笔、纸和颜料之外，还会用到一些其他的辅助用具，主要包括橡皮、尺子、笔洗、调色盒、画板、美工刀以及胶带纸、夹子等，可根据需要进行选择。一般来讲，胶带纸最好选择纸质的；常用的画板有木质对开画板、四开画板及八开画板等。另外，还可以使用画夹及各种塑料画板等。

思考题

1. 时装画的概念是什么？
2. 时装画的分类有哪些？
3. 简述西方时装画的起源和发展。
4. 简述中国时装画的发展过程。
5. 中西方早期时装画的特征有哪些不同？

2

第二章

时装画人体艺术表现

第一节　服装人体各局部的表现

在服装人体中，人体细节的描绘和表现十分重要。初学者通常认为头、手、脚等细节较难表现，因为人们在生活中对这些细节观察得很仔细，而表现在画面中就很容易判断出美丑，如果画不好，将会影响整个画面效果。在表现细节时，要从它们的基本结构特征和大形入手，把握细节和整体的关系，细节从属于大形。在服装人体中，头、手、脚一般采取简练而概括的处理方法。如果把精力过多地放在人体细节的表现上，就会适得其反，减弱服装人体本身所具有的美感，也易使人忽略服装设计中造型结构的表现。

一、头部五官及发型的画法

（一）五官的位置和透视关系

根据头部的结构和基本形，我们可以把其正面归纳为一个蛋形，侧面归纳为两个蛋形的组合。当正面平视时，五官的位置可以用“三庭五眼”法来分配。“三庭”：脸的长度比例。第一庭是指从前额发际至眉底线；第二庭是指从眉底线至鼻底线；第三庭是指从鼻底线到下颌线。这三者的比例在平视时是基本相等的。“五眼”：脸的宽度比例。以一只眼形的长度为单位，从左耳朵边际到右耳朵边际，均匀分成五个等份，两只眼睛之间的间距为一只眼睛的长度，两眼外侧至发际边缘应是一只眼睛的宽度。但在时装画中完全按照“五眼”确定的眼睛长度还不够，我们在画的时候可以把眼睛的长度稍稍加长，这样更符合时装画的审美标准。（图2-1）当头部角度变化时，“三庭五眼”会随着头部的透视进行改变，而不再是等分的。当抬头仰视时，“三庭”的距离会向上逐渐缩短，呈上弧线；低头俯视时则刚好相反。“五眼”的距离也会随着头的左右转动向转动的方向逐渐变短。（图2-2）

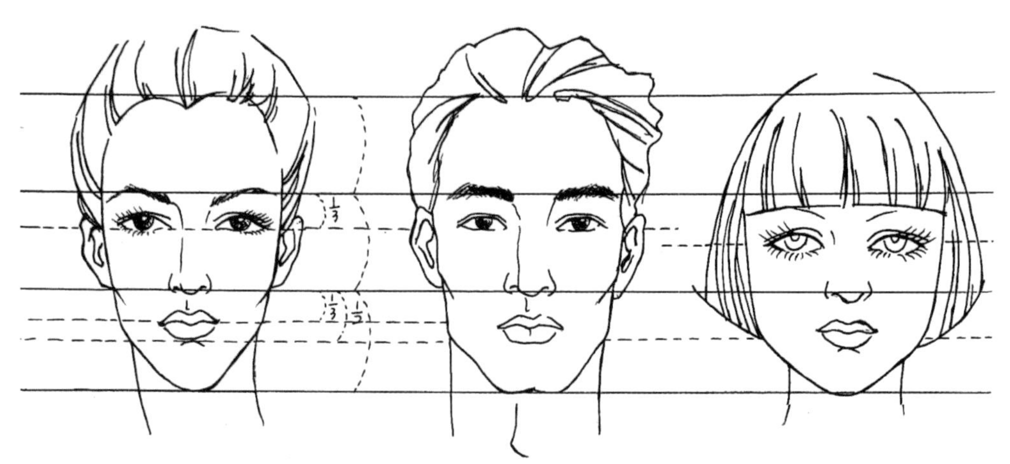

图2-1　头部五官

图2-2　头部方向画法

（二）眼睛和眉毛的画法

眼睛由眼球和眼副器组成。眼副器有眼睑、结膜、泪腺和眼肌等。眼球呈球体嵌在头骨深凹的眼眶内，处在面部的中心位置，它是五官中运动最频繁的器官。两只眼睛的结构方向正好相对，这更增加了它的表现难度。

画眼睛时注意不要把所有的外轮廓线像描边一样都描画出来，那样画出来的眼睛会显得呆板，不生动。上眼睑的眼裂部分因自身的厚度和阴影，表现时可加重笔调，使其具有深度感；下眼睑的眼裂可画得轻些。眼球被包裹在上眼睑内，其本身为球体状，瞳孔和眼珠是两个同心圆，约三分之一的部分隐藏在上眼裂中，瞳孔为黑色，可加重留出2～3个反光点，眼珠的颜色略浅于瞳孔。表现眼球时要特别注意它的精细变化，它的上部有上眼睑投下的阴影，下部有球体自身结构形成的暗部。睫毛从眼睑中长出，其末端向上翘。上部的睫毛较为粗、密、长，而且能影响眼球的光照。同时，眼睛的表现不能只局限于眼睛本身，还应当包括眼部周围的形体表现。眼睛的绘画步骤如图2-3所示：

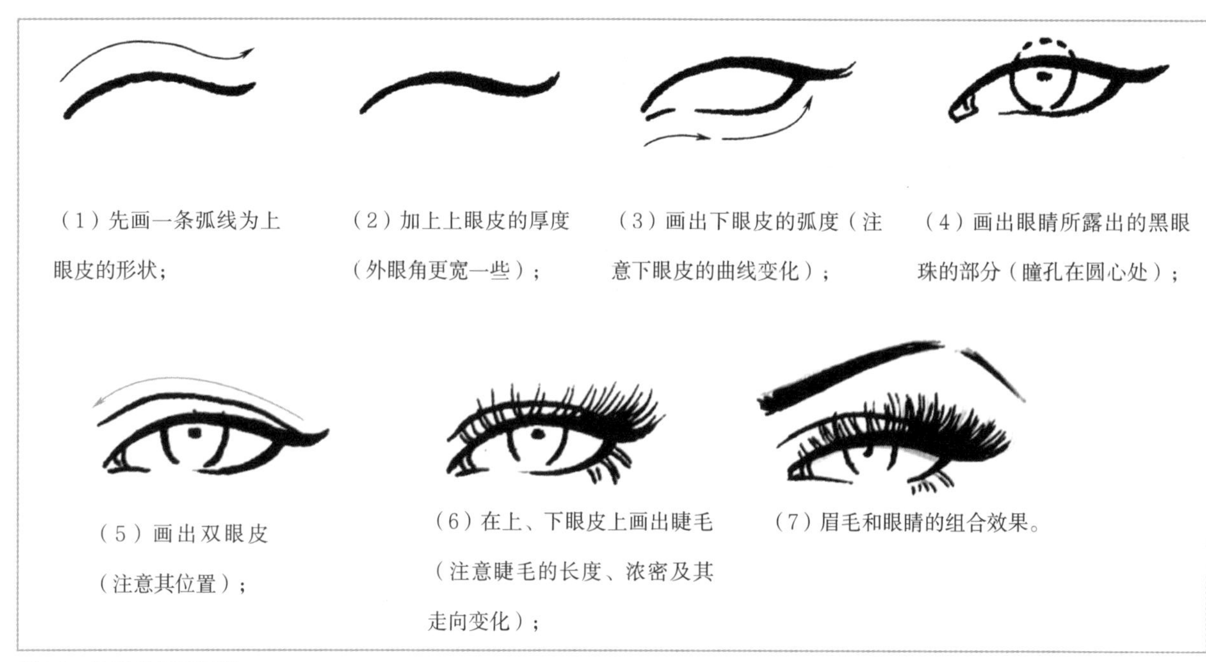

图2-3　眼睛的绘画步骤

五官中与眼部结构关系比较紧密的是眉毛。眉毛包括眉头、眉峰和眉尾三大部分，是眼睛的框架。在时装画中常常把眉毛归纳成一条线，通过眉峰的位置表达情绪：比较平滑、圆顺的眉形显得温柔可亲；眉梢高挑的眉形显得高傲、不易接近；八字眉更多用在儿童面部的表现，显得乖巧可爱。眉毛和眼睛形状的配合很重要，对反映人物的表情有一定的作用。（图2-4）

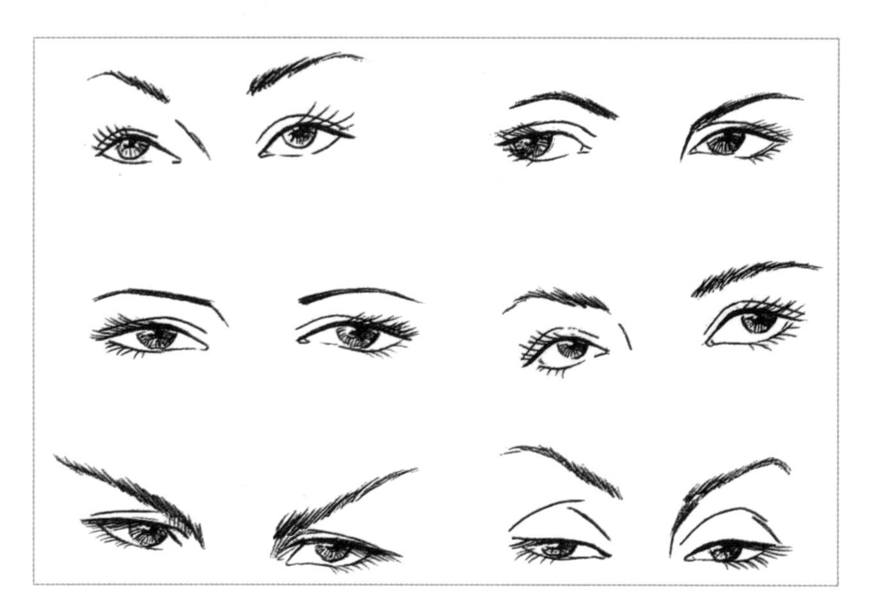

图2-4
眼睛和眉毛的画法

（三）鼻子和耳朵的画法

鼻子位于五官的中轴线上，是脸部最富有体积感、最突出的部分。鼻子由鼻梁、鼻翼和鼻孔三部分组成。整个鼻子类似一个上窄下宽的梯形。它使脸部产生了较强的明暗变化。鼻子的造型因人而异，是人物形体特征的一个重要组成部分，表现时要先掌握它的整体形象特征，再进行局部刻画。随着头部的转动，鼻子的透视也会发生微妙的变化。当转到四分之三的侧面时，看到的一侧鼻孔要比另一侧鼻孔大，此时鼻梁的形状比较突出。在时装画中，画鼻子的时候也可以借鉴动画人物中对鼻子的处理，省略鼻骨、鼻头、鼻梁，只用两个鼻孔的位置把整个鼻形一笔带过。因鼻子不是线条，而是块面，笔调越少越好，尽可能简化。鼻子的画法如图2-5所示。

耳朵是由耳屏、耳轮、对耳屏、对耳轮、耳垂以及它们之间的位置间距三角窝组成。在时装画中，耳朵不处于视觉中心，所以不是刻画的重点。但我们应知道怎样将耳朵的所有细节画出来。耳朵位于头部的两个侧面，正确位置是在眉线与鼻底线之间。脸部处于正面时，双耳显得比较偏远；处于侧面时，单耳位于头部的中间，所以对耳朵的了解和表现不能忽视。表现耳朵时，要注意它与脸部侧面的平面关系和自身的透视改变，还要注意耳朵各部分之间的穿插、结合。耳朵的形态比较好地体现了线的流畅和由线向面自然过渡的优美造型。耳朵的画法如图2-6所示。

图2-5
鼻子的画法

图2-6
耳朵的画法

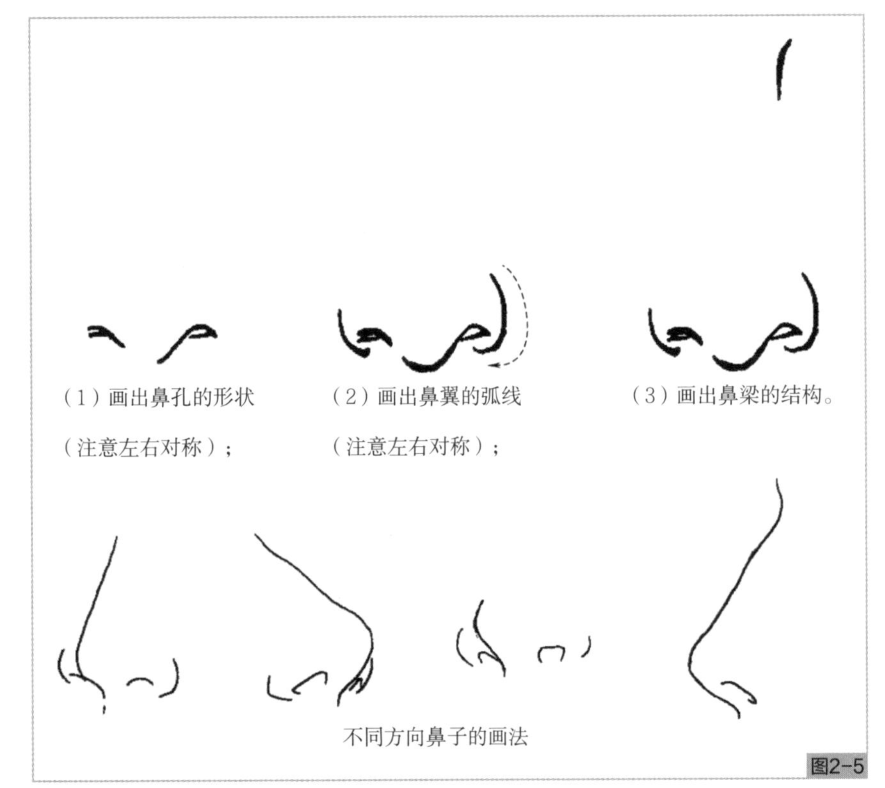

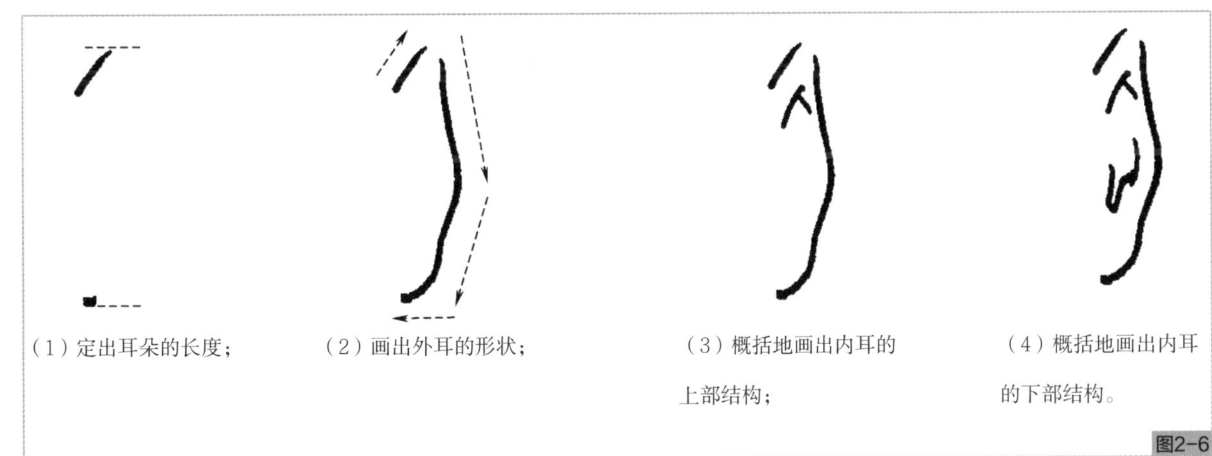

（四）嘴巴的画法

嘴巴在造型上由上下唇、口线、人中和颏唇沟四部分构成。嘴依附于上下颌骨及牙齿构成的半圆柱体上，形体呈圆弧状。唇形的刻画在时装画中也很重要，能够显露人的表情变化和个性特征。一般情况下，下唇比上唇丰满。描画唇形时，可先画唇裂线（唇裂线如一个拉得很长的“M”形），再依次画出上唇形、下唇形，在上唇结节和嘴角处加重，使其具有立体感。切忌用过多的笔调描绘嘴唇的形状，掌握和了解正确的结构之后，画的时候要有所取舍，不要让僵硬的轮廓影响嘴部的表情。嘴巴的画法如图2-7所示：

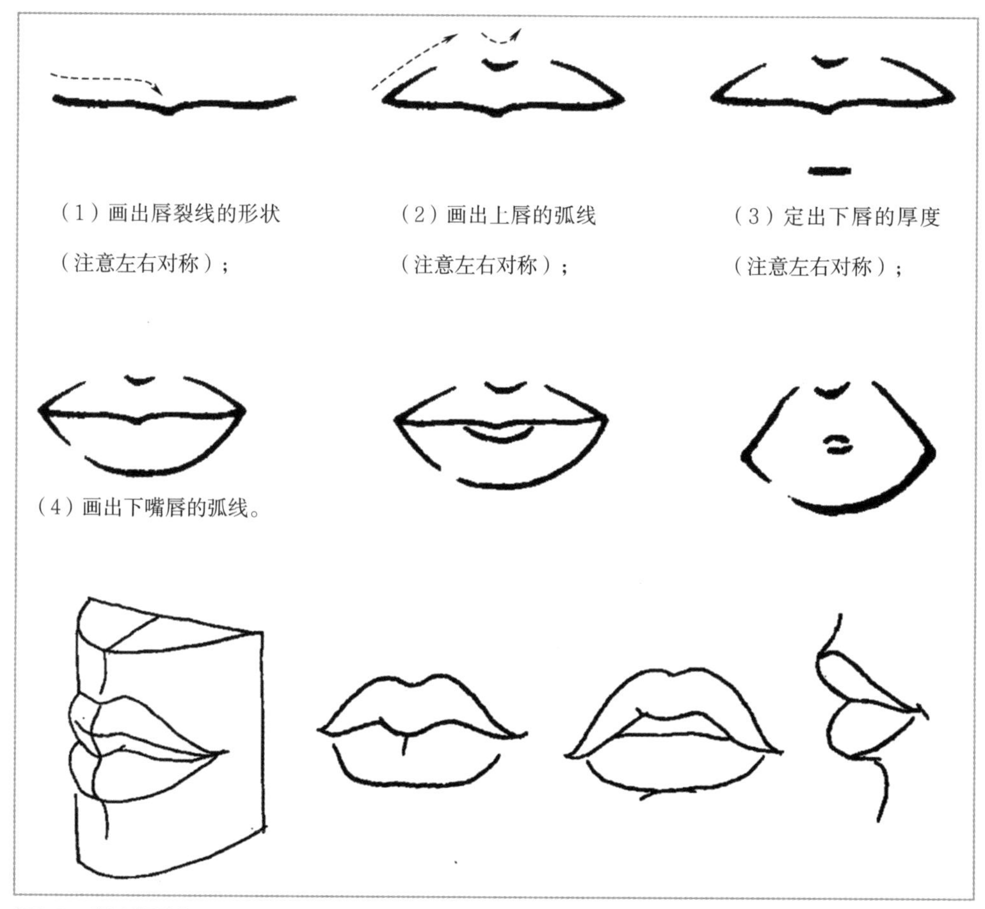

图2-7　嘴巴的画法

（五）发型的画法

时装画在表现发型时，一般把发型归纳为直发、束发和卷发三种。发型要配合服装风格加以选择和表现。画发型时要注意大形和轮廓，用线要有繁简和疏密变化，切忌不顾头部整体而琐碎凌乱地加以表现。（图2-8）

在画发型的时候，首先画出头发的轮廓和发际变化，然后画出头发的结构特征，几乎所有的线条都是从发根起，向发梢方向延伸。通常头发在靠近脸的地方影调最深，头顶和外围最浅。头发不能显得僵硬，画面要尽量通透、活泼。其次，在头发的大形和结构画好之后，可以着色，留出高光和反光，注意不同的发质可采用不同的笔触和工具来表现，从而达到理想的效果。（图2-9、图2-10）

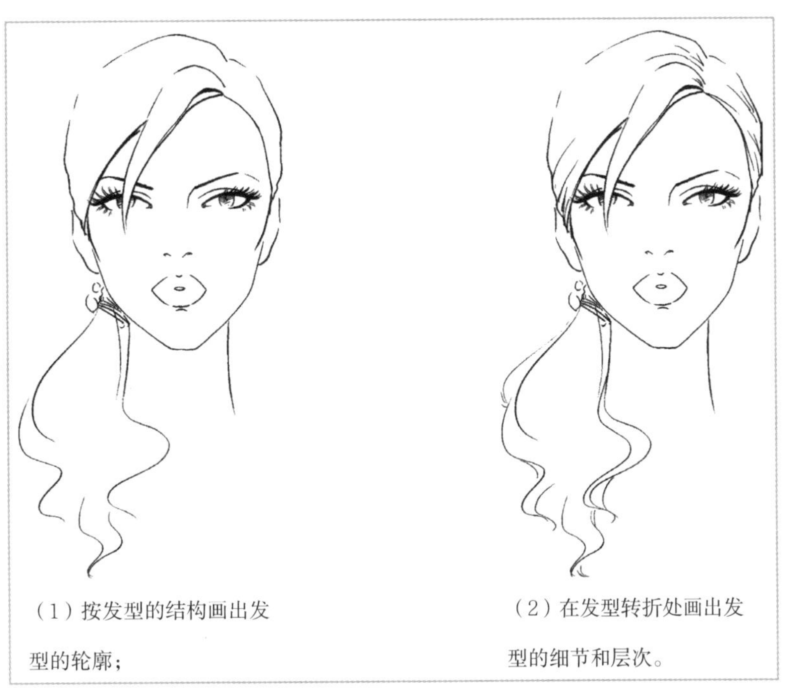

（1）按发型的结构画出发型的轮廓；

（2）在发型转折处画出发型的细节和层次。

图2-8　发型的画法

图2-9　不同发型的画法

图2-10　不同发型的表现

（六）不同种族、年龄的头部表现

对于不同种族、年龄，头部的表现方法是不同的。（图2-11）

图2-11　不同种族、年龄的头部表现

二、手和手臂的画法

（一）手的表现

手由手腕、手掌及手指组成，其长度与人脸从下巴到发际线的长度基本相等。俗语说“画人难画手”，由于手指骨节较多，加上透视变化、腕关节的运动，使得手的表现有一定的难度。在时装画中，手形描绘要适度地夸张，不要把手画得太小；刻画要简洁概括，着重于整体姿态的表现，而不是要表现具体细微的结构，省略法是常采用的手段。

在画手时，我们可以采用图解的方式将手的动作分解表现，常以梯形或三角形的组合来加以概括体现，并常运用拇指、食指及小指三指的特点来设计手的姿态。首先确定手掌的宽度以及食指和小指的位置、手指的长度，然后将食指、中指、无名指和小指作为一个整体来表现。通过这种方式，我们能够进一步对手部进行细节描写，画好每一根手指。画手的背面一侧时应以硬线勾出，以表现骨骼的硬度，手掌一面要以软线来画，表现柔软的质感。女性的手指较纤细，骨节不突出，指甲较长，为了表现女性手的细腻、柔软的感觉，用线要平滑。（图2-12、图2-13）男性手掌较宽厚，手指粗壮，关节明显，多以硬线来表现。

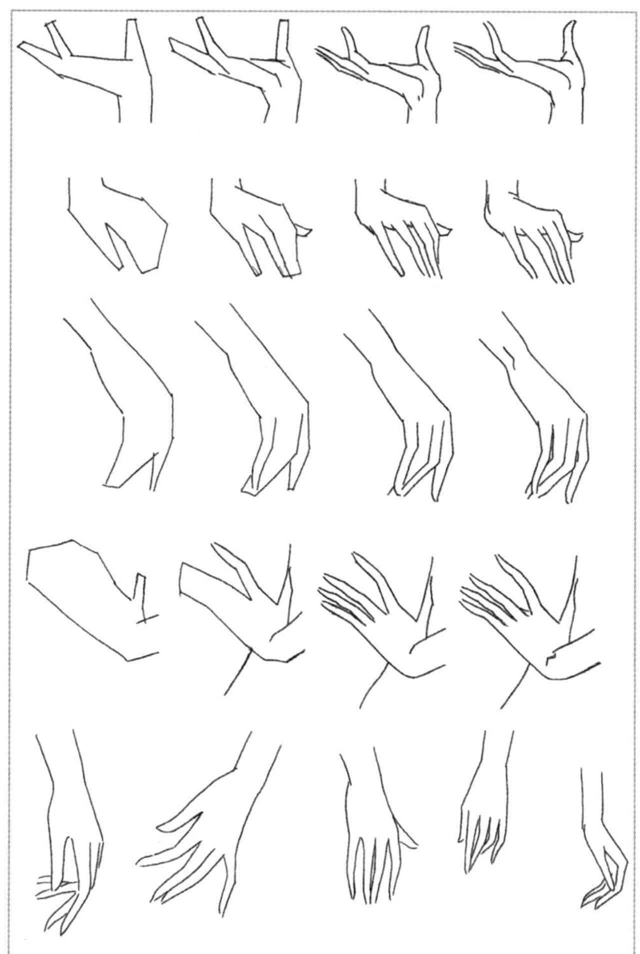

图2-12　女性手的画法

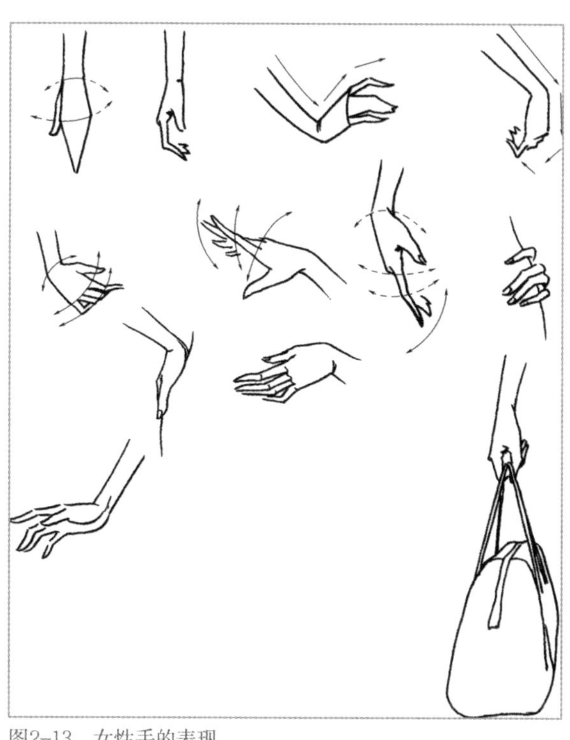

图2-13　女性手的表现

（二）手臂的画法

手臂由上臂、肘部、下臂、手四个部分组成。手臂不是直悬着的，自然状态时有一个小的弧度。画好手臂，必须记住以下几点：

（1）肩肌有一个柔和的圆度；

（2）上臂轮廓线显得几乎平行；

（3）下臂的外侧肌肉形成柔和顺畅的形状；

（4）下臂的内侧分为两半，上半较圆润、下半较平直，连入腕部；

（5）手腕应细，接入掌部。

值得注意的是，当手臂有任何前缩动作时，如手放在臀部或腰部时，下臂的内侧肌肉会产生一个弧度，而外侧线条则比较平直。（图2-14）

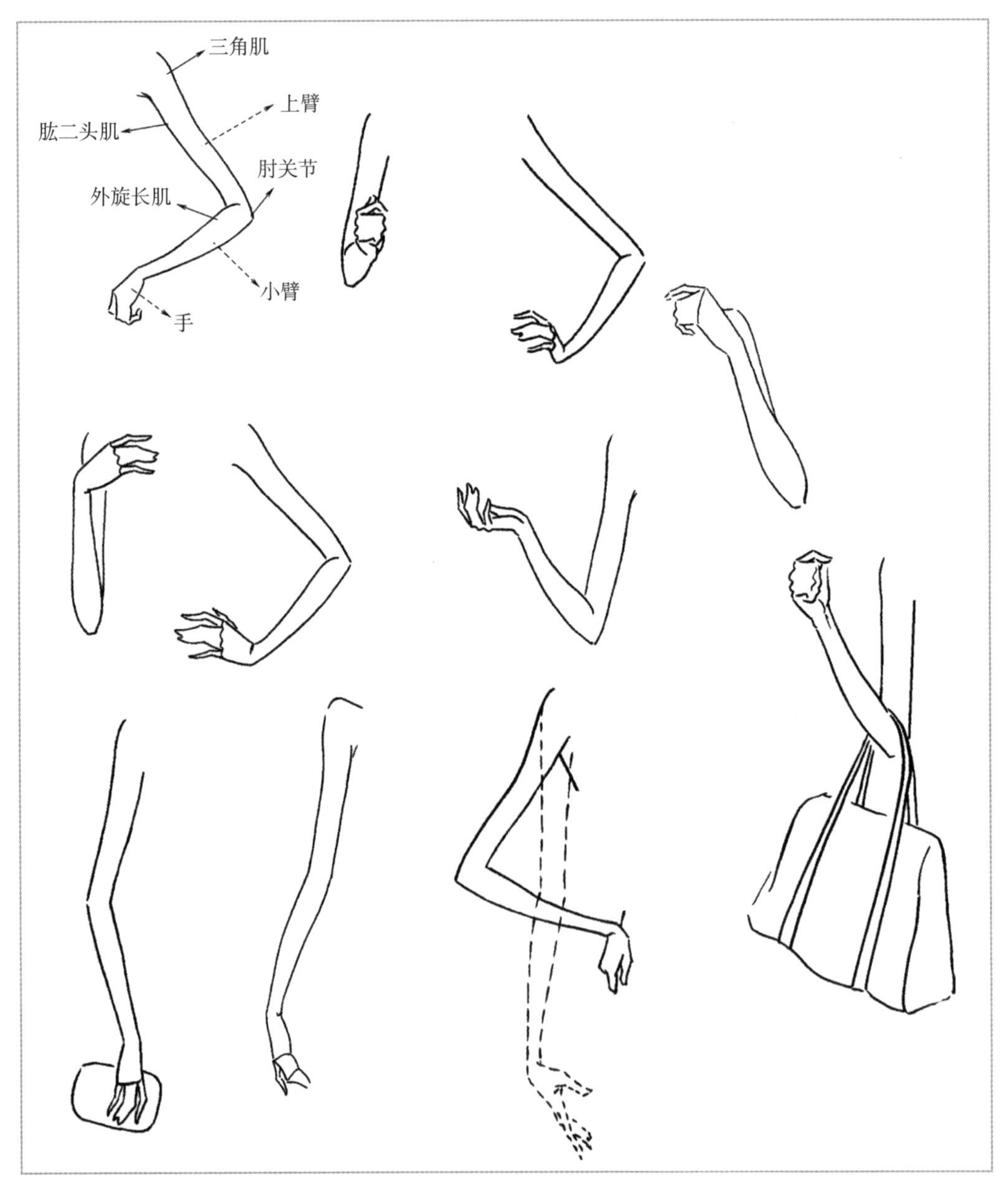

图2-14　手臂的画法

三、脚和腿的画法

（一）脚的画法

脚由踝部、脚趾、脚后跟组成。在表现时，两脚的位置及其形成的角度与人物的姿态和重心要一致，要注意脚的透视和左右脚的对应关系；刻画双脚时必须注意后面的脚要稍小一些，以显示前后的空间透视变化。同时，还要注意脚趾和脚背以及脚腕在同一动态时的相互影响；不要过分强调脚部各关节，用线描绘要柔和，要注意脚和鞋跟的关系。脚的长度接近于头的长度，但在画的时候可以略加夸张，才能显得脚形修长，人也就站得稳了。另外，脚的内踝、外踝的描绘也很重要，内踝要高于外踝。脚的外侧向脚趾的方向逐渐变薄。时装画中的脚最难把握的就是透视中的变形，所以把握好各种透视关系是画脚的重中之重。同时，在表现脚时还要注意脚与小腿的关系，以便明确脚的方向和透视特点。（图2-15）

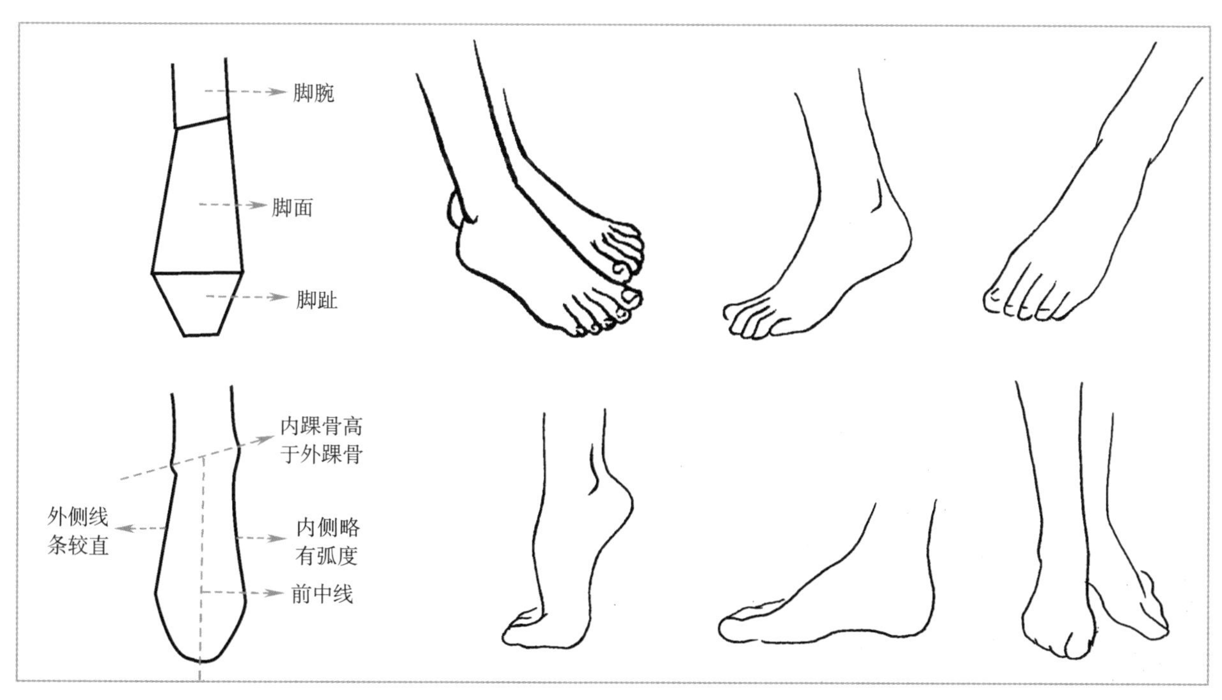

图2-15　脚的画法

（二）腿的画法

腿由大腿、小腿、膝盖组成。在表现时，可用圆柱体概括大腿，圆锥体概括小腿；用笔要注意线条的虚实关系、双腿的重心姿态等，特别是小腿的结构及比例应重点体现。模特的腿是纤细修长的，因此在时装画中，画女性的腿部时不要把腿画得太粗太短，否则就会显得很健壮，缺少了女性的柔美特征。（图2-16）

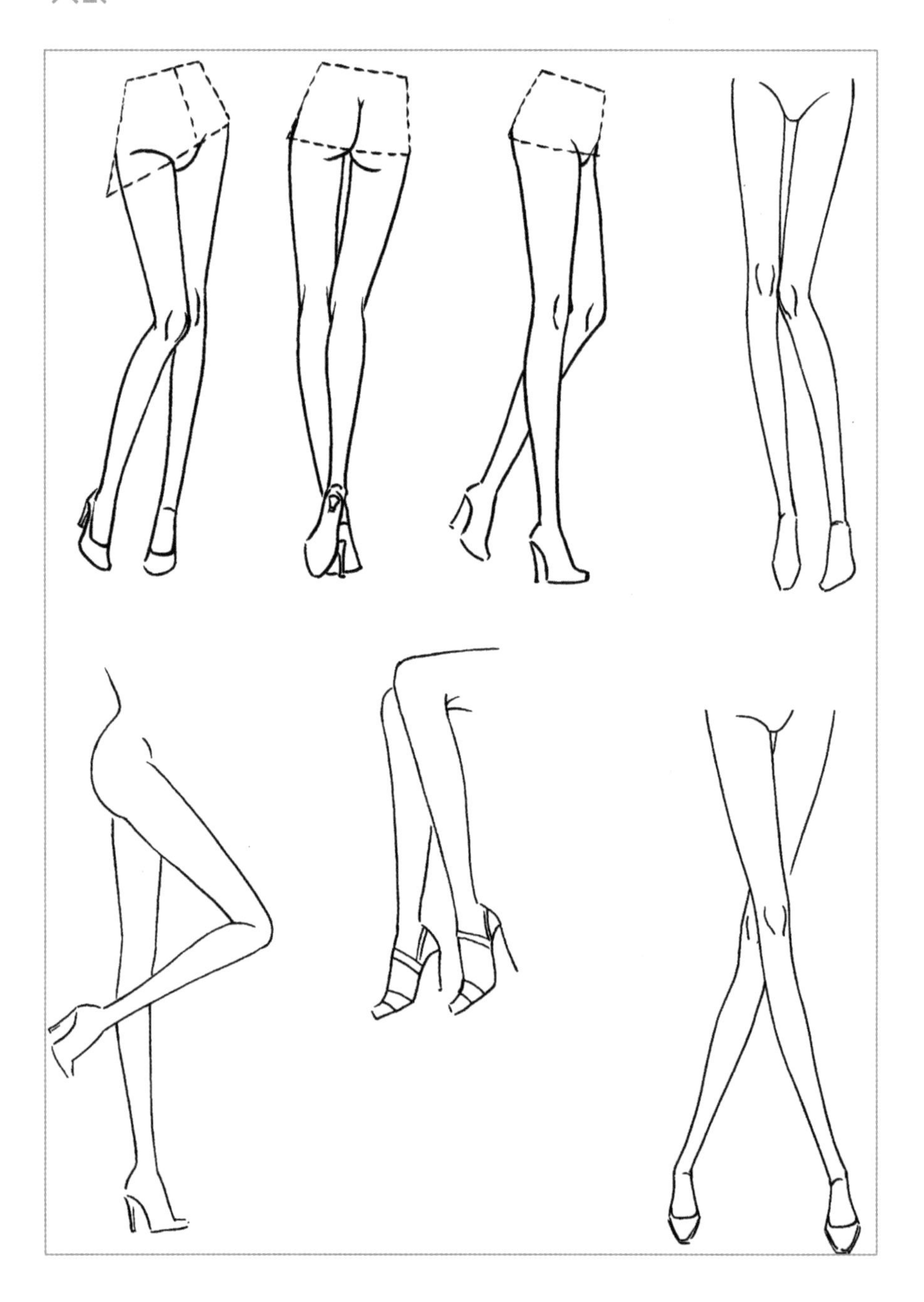

图2-16
腿的画法

第二节　服装人体比例的表现

人体比例是画好时装画的基础，因此要想画好时装画，对人体比例的把握十分重要。学画服装人体，最重要的是要在短时间内表现出模特的动态，把握好头、躯干、四肢等各部位之间的比例关系。因此，把握好人体的关键点和细节是画好时装画的重点。

在时装画作品中，为了更加突出服装款式的美感，人们往往会采用理想的比例和略带夸张的人体进行表现。这种人体有别于传统的人体艺术绘画中的写实人体，不强调骨骼、肌肉以及人体的自然状态。服装人体是在写实人体的基础上经过夸张、提炼、概括和美化的一种人体，是人们想象当中的理想人体。时装人体以修长、优美为主要特征，是在自然人体七至八个头长的基础上进行艺术处理，常采用以肚脐为分割点的方法来确定上半身与下半身的比例关系，这种比例关系一般为5：8的关系。写实的时装画一般采用9～10个头长的比例关系。通常来讲，服装人体既夸张又不过于变形，肩、腰、髋的动态比正常人体表现得更加明显，四肢更加修长、舒展，通过美化后的人体来更好地展现服装的特色。服装人体的作用是通过人体来表现服装款式，而不是单纯表现人体，二者是相辅相成的。

一、服装人体比例关系

大众眼中的人体美会因不同的地域或时期而产生不同的审美标准。为了得到多数人普遍接受的理想人体比例，在经过对不同人种、不同形体以及不同年龄的人体进行大量的数据分析之后，得出最完美的人体比例关系为九头身。即以头长为基准，从头顶到脚底总长度为九个头长，这一比例也成了服装设计师最为常用的比例关系，因此也称为“服装人体比例”。

九头身人体的具体比例如图2-17、图2-18所示。

第一个头长：从头顶到下颌底；第二个头长：从下颌底到乳点；第三个头长：从乳点到腰部最细处；第四个头长：从腰部最细处到耻骨点；第五个头长：从耻骨点到大腿中部；第六个头长：从大腿中

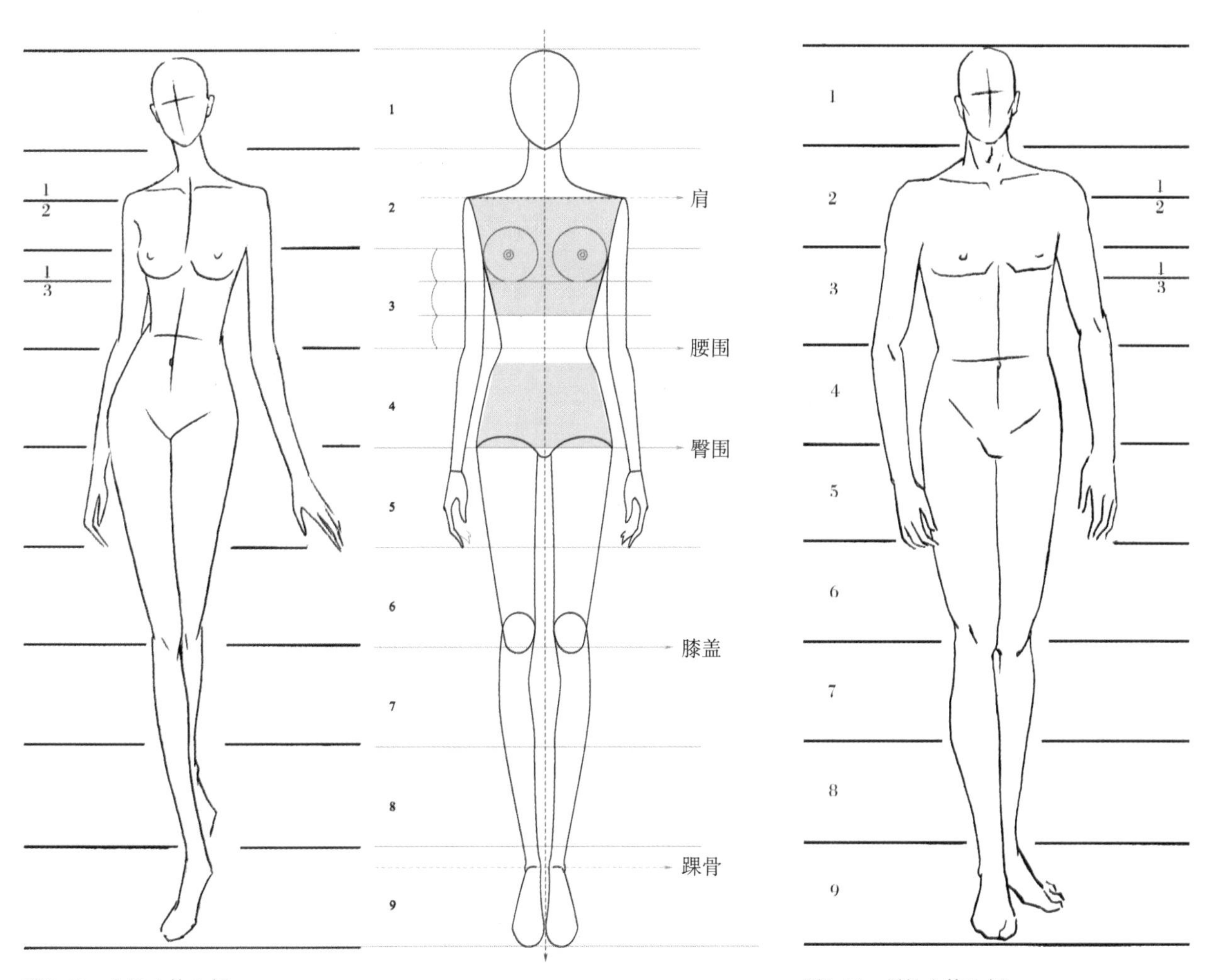

图2-17　女性人体比例

图2-18　男性人体比例

部到膝盖；第七个头长：从膝盖到小腿中上部；第八个头长；从小腿中上部到脚踝；第九个头长：从脚踝到地面。

其中肩峰点在第二个头长的二分之一处；肩峰到肘部为一个半头长；肘部到腕骨点为一个头长多一点。手的长度约四分之三个头长，脚的长度约为一个头长。在作为工业生产依据的服装效果图中，多采用八头半至十头身的比例关系，以便于打版师根据其进行打版。但在作为纯艺术欣赏性的时装画中，头身比例就不存在任何限制，作者可根据自己的创作需要任意夸张、渲染。

九头身人体横向也有一定的参考比例。横向比例通常指肩宽、腰宽和臀宽。女性肩宽约一个半头长，腰宽约一个头长，臀宽约等于或略大于肩宽。男性肩宽约两个头长，腰宽约一个多头长，臀宽窄于肩宽。这些基本比例可根据服装设计的意图而进行调整，在学习的过程中，要先熟练掌握九头身的人体比例，再把九个格子的“拐棍”扔掉，依照自己的需求画出满意的服装人体。

儿童在不同的年龄段有着不同的比例关系。一岁左右身长为四个头长，四岁左右约五个头长，八岁左右约六个头长，十二岁左右约七个头长，十四岁左右约八个头长。效果图中的儿童比例可以直接按照儿童实际的比例进行表现，重点是表现出儿童天真活泼的特性。（图2-19、图2-20）老年人的人体比例可以根据年龄进行调整，年龄越高所画比例可以适当缩短。

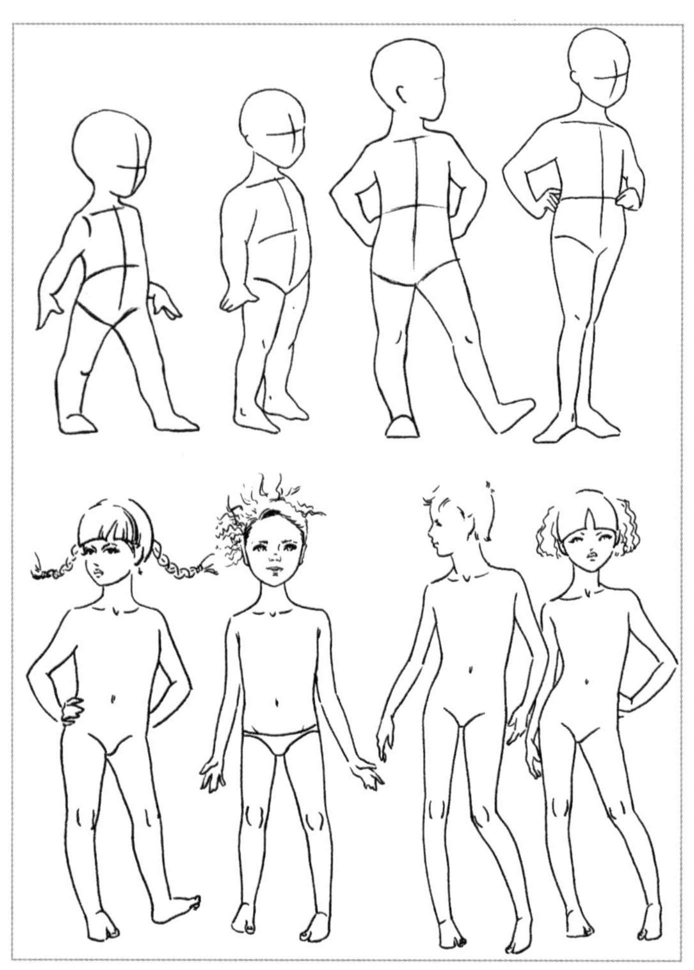

图2-19　儿童人体比例

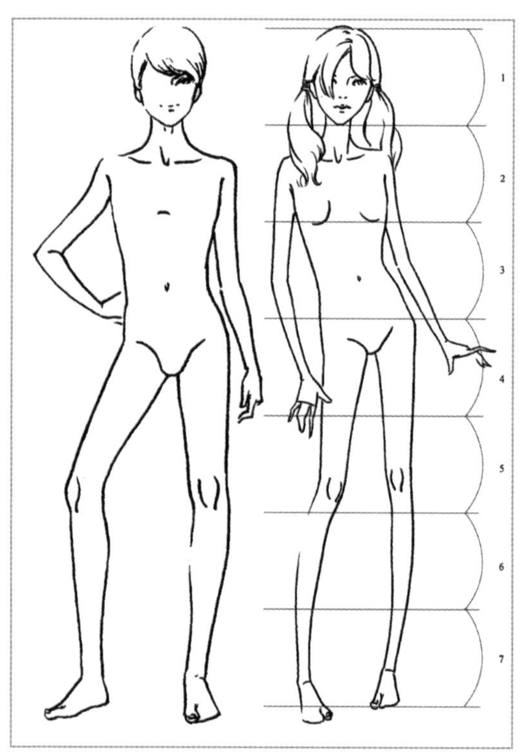

图2-20　少年人体比例

二、服装人体的夸张部位

正常人体的身高比例一般是七至七个半头长，在写实人体的绘画中，“站七、坐五、盘三”的规律正是这种比例的写照。但服装人体的比例为九头身，是在正常人体比例的基础上，将某些部位适度地拉长和夸张以期达到优美、修长的完美人体比例。

（一）女性人体的夸张部位

女性人体具有线条柔和的外形特征，主要的夸张部位为脖子、胸部、腰部、臀部以及胸、腰、臀的动态关系，头、手、脚的造型等。胸、腰、臀作为女性的特征，在时装画中常常作为夸张的重点，无论从正面、侧面、半侧面都应表现出优美的曲线。在下半身的夸张处理上，大腿和小腿都应适度拉长，使整个人体比例显得协调。

（二）男性人体的夸张部位

男性人体躯干宽厚健壮，呈倒梯形，肌肉发达，轮廓硬朗。主要的夸张部位是宽厚的肩部、拉长的四肢、发达的肌肉等。在某些中性化的时装画中，男女性别界限比较模糊，则不需过多强调男性的结构特征。但按照传统的审美标准，男性还是以健康、健美为主，从而显得更富于男性气质。

（三）儿童与中、老年人体的夸张

儿童处于生长发育的快速阶段，身高、比例变化比较大。效果图中的男童、女童人体可按照儿童的实际比例来表现，重点刻画儿童天真烂漫、活泼可爱的特性。脸部五官适度夸张，不妨加一些小雀斑等。中、老年男女人体比例也采用八至九头身长，夸张部位基本上与成年人体一致。在表现年龄特征时，应从动态、表情、精神状态、服饰特点等方面入手，表现出中、老年人成熟、稳重的一面。

第三节　服装人体动态的表现

一、人体动态的形成

人体动态的形成主要是由躯干、手臂和腿来决定的，其中决定动态的主要线条位于躯干内，即三条通过躯干的线——人体的肩线、腰围线和臀围线。当身体的重心倾斜时，肩线和臀线就会出现倾斜度，臀围线会随着骨盆的运动而上下移动，但和腰围线始终保持平行关系。肩线和臀围线之间的角度越大，身体扭动的幅度越大，动态也就越夸张。此时躯干的中心线也会出现弧度，随着人体的转动而产生变化。在服装人体的描绘中，即使采用两脚叉开、重心落在两脚之间的姿势，也会刻意强调肩线和臀围线的角度，使肩线倾斜，不平行于臀围线，表现出动态。

二、服装人体动态的表现要点

（一）重心与平衡

初学者在画服装人体动态时，常常掌握不好重心和平衡，画出的人体重心不稳。一般情况下，当人体肩部平行于地面站立时，中心线和重心线是在一条垂直线的关系中，这时的重心点是落在两只脚之间；当人将所有的重量都集中在一只脚上时，从人的锁骨窝点向下作一条垂线，正好落在承重脚上，这条线叫重心线。因此，承受重量的脚应画在颈窝的正下方，躯干承受重量一侧的髋部向上提起，骨盆向不承受重量的一侧倾斜，肩部和胸廓向受重方向放松，人体的中心线会随之变化。不承重的头、颈、臂和腿可创造各种姿态。（图2-21）

图2-21　重心与平衡

（二）肩、腰、髋的关系

生动的服装人体姿态往往都是由肩、腰、髋不同程度的扭动和变化而构成的。当身体的重心倾斜时，肩线和臀线就会出现倾斜度，躯干的中心线也会出现弧度，演变成表现人体动态的动态线。有时，当人体重心放在两只脚上垂直站立时，也会故意使肩部倾斜，和髋部形成一定的角度，表现出动感。掌握肩、腰、髋的运动规律和相互关系是画好服装人体姿态必不可少的因素。（图2-22、图2-23）

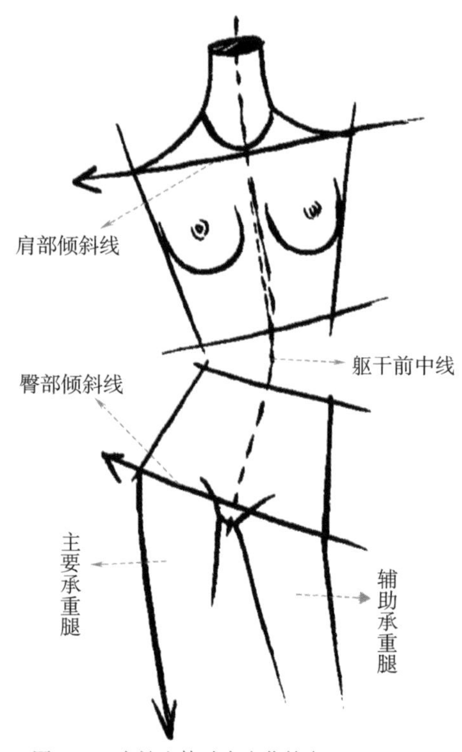

图2-22　女性人体动态变化特点

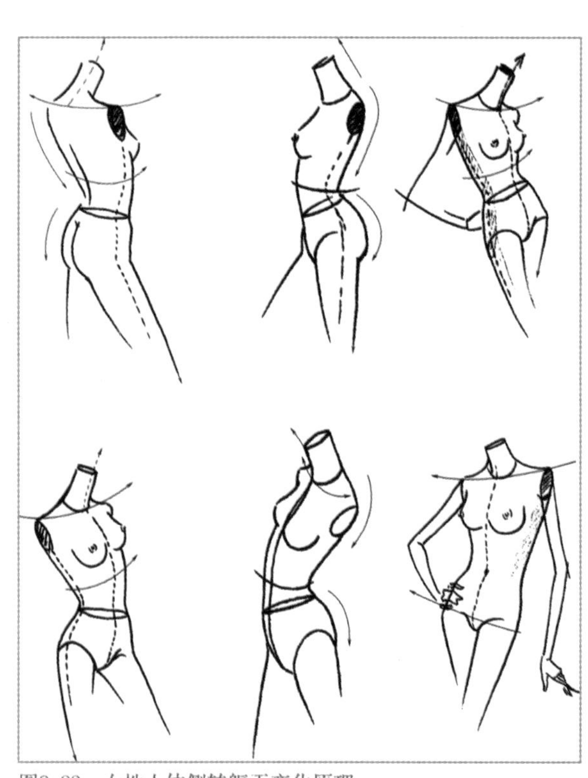

图2-23　女性人体侧转躯干变化原理

三、服装人体动态的训练方法

服装人体动态是在写实人体的基础上，经过提炼、夸张、概括而产生的，能够充分表达服装服饰美的造型姿态。一般情况下，可以从以下三个方面获得需要的服装人体姿态：一是临摹优秀的服装效果图；二是人体写生后进行夸张；三是以时装摄影为临摹对象进行提炼，从而画出人体动态。

（一）单一动态的反复练习

单一动态的反复练习对于绘画基础不是很好的同学来说，是一种在短时间内易掌握的学习方法。

经常观看服装表演的同学应该有所体会，模特在T台（走道）上行走和亮相的姿势变化并不多样，往往可以归纳为几个经典姿态。如前所述，以创意表达为重点的时装画，更多的是表述一种着装方式、生活氛围，其动态夸张，更注重整体气氛的烘托，在服装结构上并不刻意强调；另一种用作生产依据的效果图则更加注重服装本身的结构造型，对人物的动态不做夸张的要求。因此，熟练地掌握几个不同的人体动态，通过几个典型的服装人体动态一样可以产生丰富的视觉效果，达到充分表达设计意图的目的。

人体动态表现实例如下。（图2-24—图2-45）

图2-24　人体动态表现图　　图2-25　人体动态表现图　　图2-26　人体动态表现图　　图2-27　人体动态表现图

图2-28 人体动态表现图

图2-29 人体动态表现图

图2-30 人体动态表现图

图2-31 人体动态表现图

图2-32 人体动态表现图

图2-33 人体动态表现图

图2-34 人体动态表现图

图2-35 人体动态表现图

图2-36　人体动态表现图

图2-37　人体动态表现图

图2-38　人体动态表现图

图2-39　人体动态表现图

图2-40　人体动态表现图

图2-41　人体动态表现图

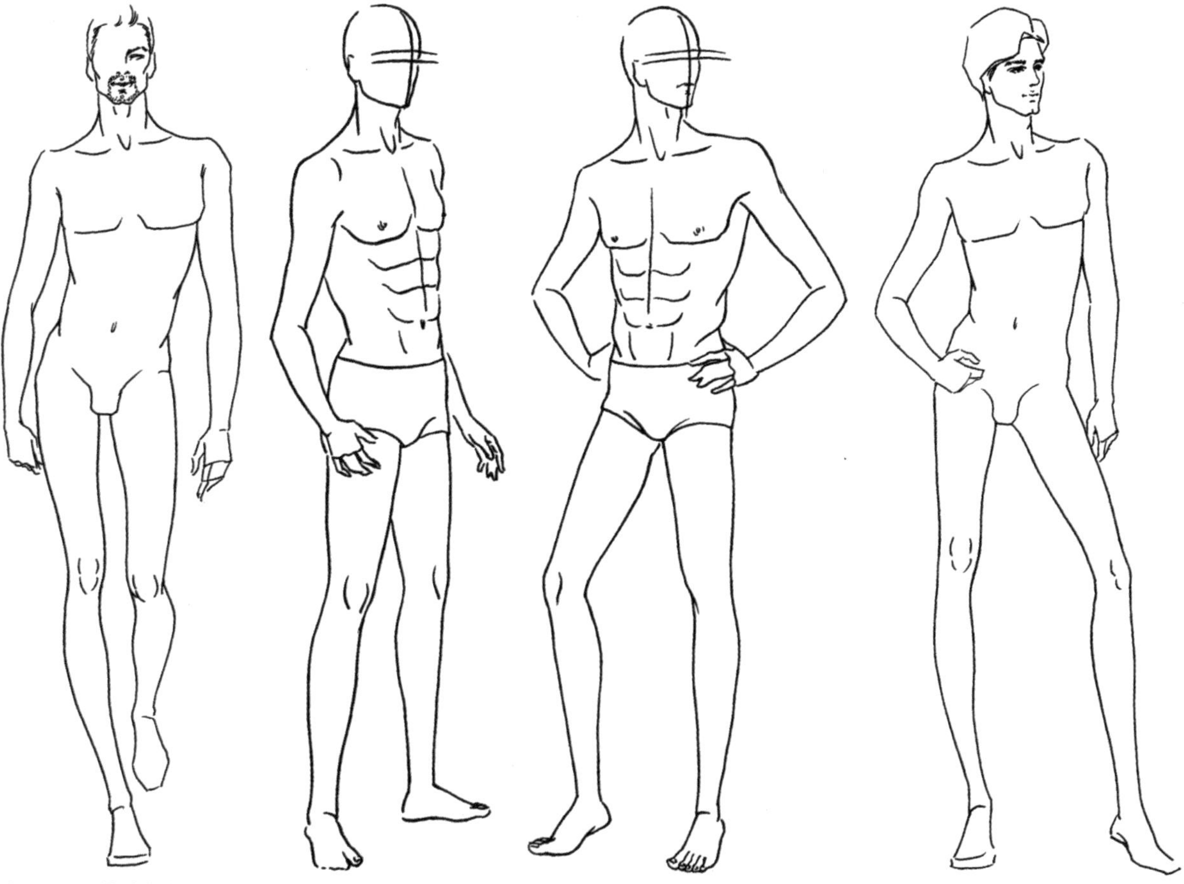

图2-42　人体动态表现图　图2-43　人体动态表现图　图2-44　人体动态表现图　图2-45　人体动态表现图

（二）服装人体动态的训练步骤

在最初学习画服装人体姿态时，可分为以下几个步骤：

（1）根据构图需要，在纸面上、下方留出合适的空白（纸的上、下端各留出2.5cm～3cm的空白），在中间画出九等分线，第一格内画出头部的基本形，依据选择的姿态，从锁骨窝垂直向下画人体姿态的重心线，画出头部和躯干部分的中心线。重心线关乎人体是否能站稳，中心线关乎人体的基本摆动姿态，这两条线是服装人体动态必不可少的两条辅助线。（图2-46）

（2）画出肩部、腰部和髋部的动势线，注意这三条线除正面平视时是平行线外，其他时候都会形成一定的角度，角度越大，动势越明显。确定肩宽、腰宽和髋宽，依次画出上肢和下肢的动势线。（图2-47）

（3）标出头部五官的位置和发型，由上至下画出颈部、肩部、胸部、腰部、臀部的曲线以及上肢、下肢和手脚的基本形态。（图2-48）

（4）画出衣服穿在人体上的感觉和基本样式，特别要注意人体与衣服之间的内外空间关系。（图2-49）

（5）刻画人体显露在衣服外面的各个部位和衣服的具体结构，以及各种配饰，并反复调整人体与衣服相对应的各部位的相互关系，集中表现着装后人体的整体美感。（图2-50）

图2-46 人体姿态的训练1

图2-47 人体姿态的训练2

图2-48 人体姿态的训练3

图2-49 人体姿态的训练4

图2-50 人体姿态的训练5

图2-46 图2-47 图2-48 图2-49 图2-50

（三）从时装摄影中提炼服装人体动态

对于有一定绘画基础的人来说，从时装摄影中提炼人体姿态不失为一种好方法。以下是这种训练方法的基本步骤（图2-51）：

（1）选择一张动态较明显的时装摄影或图片，在拷贝纸上用铅笔画出其人体在衣服里的动态。

（2）再将图片中的衣服穿上，体会、研究其人体与服装的相互关系。

（3）用以上人体动态，选择相似的衣服穿在人体上。这样反复训练对于理解和表现服装人体姿态很有益处。

图2-51 丁香 从时装摄影中提炼服装人体动态

四、女性人体着装图的注意事项

（一）女性人体着装图的注意要点（图 2-52）

（1）在人体上加上服装的厚度，要先考虑到所用材料的厚度、内外服装层次的厚度以及服装款式（如是否有里料、填充物等）的厚度等。

（2）在着装时一定要注意服装的廓形和比例关系。

（3）注意表现出着装后服装的空间感，即在服装边缘处（如领口、袖口、下摆、腰头、裤口、裙摆等）的线条要画成曲线，不能画成直线。

（4）注意服装和人体之间的虚实关系。

（5）用概括的手法表现出服装在着装后所产生的衣纹（通常有拉伸纹、挤压纹、悬垂纹）。

（6）注意用线条的曲直来表现服装材质的软硬（表现手感较软的材料时线条可以画得顺滑一些，表现手感较硬挺的材料时线条可以画得硬挺一些）。

（7）在实的地方服装的轮廓线要按人体的结构画，在虚的地方只要把握好服装的宽度比例和流畅的线条即可。

（二）女性人体着装时衣纹的表现要点

在着装时，服装通常会随着人体的扭动产生相应的纹路，也就是我们所说的衣纹。在现实生活中，着装后会有许多大小不一、方向不同的衣纹产生。在绘制着装线描图时，一定要记住衣纹不能画得太多太碎，否则会喧宾夺主，反而让人看不清服装的具体款式，因此概括地画出衣纹即可。

在着装中常见的衣纹有拉伸纹、挤压纹、悬垂纹三种，还有一种在表现画面动感（如围巾）时或轻薄面料的飘逸质感（如纱类织物）时画的飘纹，其原理与悬垂纹相同，都为一点受力，区别在于悬垂纹的方向是向下，而飘纹是斜向的。（图2-53）

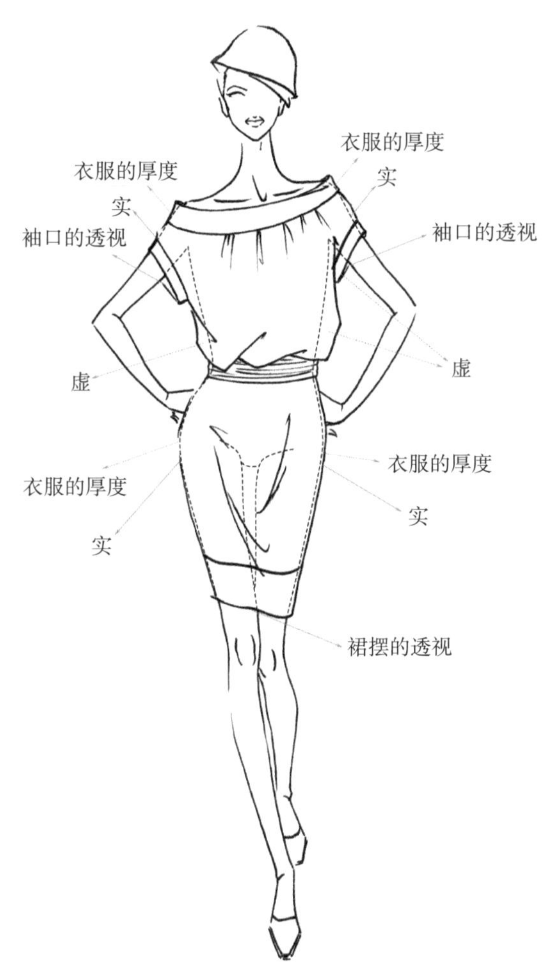

图2-52 女性人体着装图的注意要点

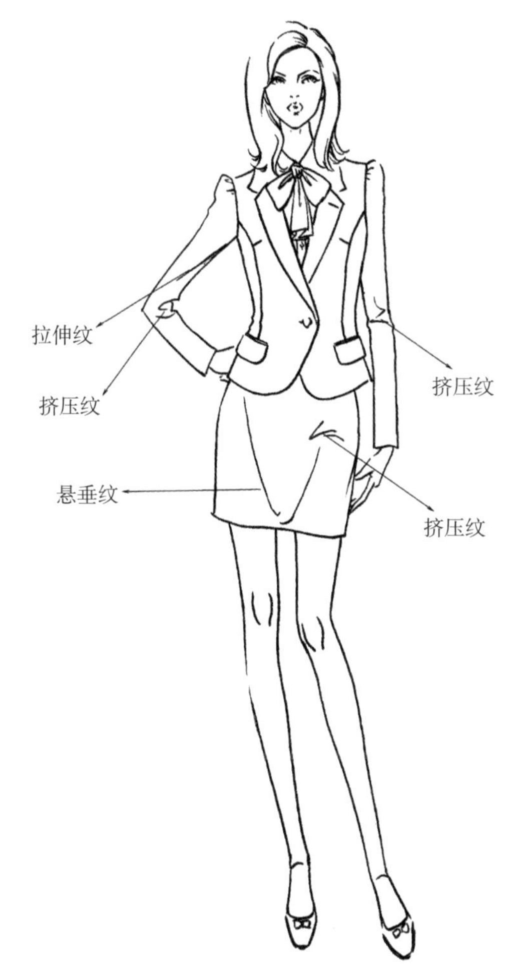

图2-53 着装中常见的衣纹

思考题

1. 时装画中人体的艺术表现要注意哪些要点?
2. 举例说明时装画人物动态设计的艺术规律有哪些。
3. 在服装人体姿态中，其主要的夸张部位是什么?
4. 女性人体着装图的注意事项有哪些?

作业题

1. 练习头部五官的画法1张，用8开画纸。
2. 练习头型与发型的画法1张，用8开画纸。
3. 练习手与脚的画法1张，用8开画纸。
4. 练习人体姿态的画法2张，用8开画纸。

第三章

时装画的基础表现

第一节　线的表现方法

线条是最基本、最简单、最单纯、最朴素的造型语言。线条有长短、粗细、宽窄、动静、方向等空间特性。就线条本身而言，有直、曲之分。直线有水平、垂直、斜向等线段，曲线有几何曲线和自由曲线。概括来讲，在时装画中常用到的有匀线、粗细线和不规则线等。此外，明暗、光影的对比是形象构成的重要手段。就线条的表现特性而言，细而疏的线条常表现受光面，粗而密的线条则表现背光和暗影。这与色彩画利用色调、明度、饱和度等色彩关系的表现特点是不同的。

线条还具有表达情感的功能。如粗线的刚毅、细线的软弱、密集线条的厚重、稀疏线条的涣散无律、规整线条的有序整齐、自由线条的奔放热情等。即使线条形态相同，也可通过线条的方向、长短、疏密及位置和间隔的变化而产生丰富的表现语言。

一、匀线

匀线的特点是线条挺拔刚劲、清晰流畅，与国画中的铁线描相类似。匀线一般是用来表现那些轻薄、韧性强的面料，如天然丝织物或人造丝织物、天然棉麻织物或人造棉麻织物、现代轻薄型精纺织物等。由于这类面料的内部成分和织纹组织各有不同，其外观的感觉各有差别。因此，在用线上需要顺应面料的各种感觉，如丝织物的线条长而流畅，棉织物的线条短而细密，而麻织物的线条则挺而刚硬。在用笔上要注重表现这些外观特征，使服装的造型效果呈现出一种规整、细致、高雅而富有一定装饰性的特征。用来画匀线的笔通常有各种水笔、勾线笔等。（图3-1—图3-12）

图3-1 匀线表现

图3-2 匀线表现

图3-3 匀线表现

图3-4 匀线表现

图3-5　匀线表现　作者：吕跃洋

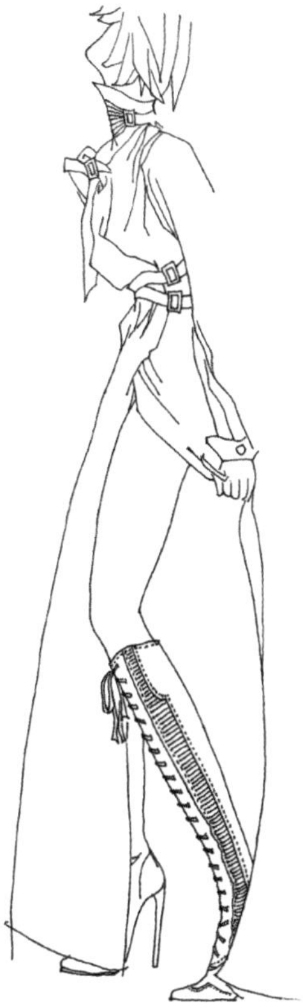

图3-6　匀线表现

图3-7　匀线表现

图3-8　匀线表现

图3-9　匀线表现

图3-10　匀线表现

图3-11　匀线表现

图3-12　匀线表现

二、粗细线

粗细线的特征是线条干净利落、刚柔并济，时而粗壮有力，时而细腻飘逸。绘画时多用软硬适中的铅笔或笔锋刚健的毛笔。绘画时略带倾斜度地使用笔尖，利用手腕力量的变化，追求对线条的自如控制，随心而动。粗细线生动多变，多用来表现较为厚重的面料，如毛织物、仿毛织物等。（图3-13—图3-25）

图3-13　粗细线表现

图3-14　粗细线表现

图3-15　粗细线表现

图3-16　粗细线表现

图3-17　粗细线表现

图3-18　粗细线表现

图3-19 粗细线表现

图3-20 粗细线表现

图3-21 粗细线表现

图3-22 粗细线表现

图3-23 粗细线表现

图3-24　粗细线表现　作者：曹然

图3-25　粗细线表现　作者：张莹

三、不规则线

不规则的线形式变化多样，具有较强的力度和个性美。绘画时可借鉴和吸收传统艺术形式中线条的表现方法，如石刻线条、汉瓦当、青铜器以及现代艺术中抽象画里的用线方式等。不规则的线多用粗犷的毛笔、炭笔和水笔，带有倾斜度地使用笔尖，利用手腕的速度制造出笔触的参差变化，追求线条的不规则和不可复制。不规则线条可以表现一些特殊的面料肌理，产生厚重的视觉效果。（图3-26—图3-34）

图3-26　不规则线表现

图3-27　不规则线表现

图3-28　不规则线表现

图3-29　不规则线表现

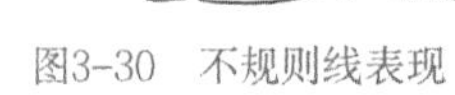

图3-30　不规则线表现

图3-31　不规则线表现

图3-32
不规则线表现

图3-33
不规则线表现

图3-32

图3-33

图3-34　不规则线表现

四、男装和童装线条表现

男装和女装相比款式变化相对较少，其人体着装图的画法和女性人体着装图的画法基本相同，只是男装相对更简洁，侧重服装材质和工艺的刻画，在运笔时强调线条的干脆、利落和硬朗的感觉。同时要注意上下装、零部件的比例和位置关系，以及服装和人体之间的虚实关系等。

童装的服装材料较为丰富多变，在画童装时要考虑所用材料的厚度及着装后服装上下、内外层次的空间感。同时，在绘制时还要抓住儿童活泼、好动的特点，注意表现出着装中服装与身体之间的虚实关系，以及不同动态的衣纹变化等。（图3-35—图3-44）

图3-35　男子着装表现　图3-36　男子着装表现　图3-37　男子着装表现

图3-38　男子着装表现　图3-39　男子着装表现　图3-40　男子着装表现

图3-41　男子着装表现

图3-42　男子着装表现

图3-43　儿童着装表现

图3-44　儿童着装表现

第二节　黑白灰的表现方法

时装画中的黑白灰表现主要作为时装画着色的前提和基础，帮助绘画者理解影调、层次、质感等，在无彩色系中传达纯粹的服装语言。就一套服装的色彩来讲，除纯黑色服装和纯白色服装外，色彩的配置上需要注重黑白灰的层次关系，一味地深或一味地浅在视觉上都是不完美的。因此，时装画的黑白灰训练，实质上也是训练色彩配制的层次关系和用简单、归纳的手法把服装的色彩层次反映在纸面上的一种方法。在黑白灰的表现中，除了无彩色系本身的配置关系外，影调和立体感的强调也很重要。（图3-45—图3-56）

图3-45　黑白灰表现

图3-46　黑白灰表现

图3-47　黑白灰表现

图3-48　黑白灰表现　作者：关靖瑶

图3-49　黑白灰表现

图3-50　黑白灰表现

图3-51 黑白灰表现

图3-52 黑白灰表现

图3-53 黑白灰表现

图3-54 黑白灰表现

图3-55　黑白灰表现

图3-56　黑白灰表现

第三节　服装款式图与服饰配件的表现方法

服装款式图也叫服装平面图，是服装设计图的补充说明，是设计的另一种表现形式。而服饰配件的表现方法，一方面是配合服装效果图，另一方面是作为一种独立的设计效果图而出现。因此，服装款式图和服饰配件的表现方法也是时装画中不可忽略的组成部分。

一、服装款式图的表现方法

服装款式图的目的是将设计图中表现不够清楚的部分具体而又准确地表现出来。由于时装画中的款式具有一定的动势，所以，有些具体的时装结构，往往被其动势所掩盖而难以表示清楚，款式图通过平面特有的表现手法，较为全面地从正面、背面、侧面以及局部，展示款式设计的结构细节。图的绘制一般采用较规则的线，工整而规范。色彩采用极为简单的色块，清晰易见。常用的有灰色系与明度较高的几个纯色，如淡朱红、淡柠檬黄、淡绿等。

绘制款式图，可先绘出时装的整体外形，然后分别画上时装内部的具体结构，其背部可以将正面的外形翻转180度后，再绘出背部具体的内部结构。对称的部位，需要严格对称。有的地方需要详细地表现出来。明线部位同样需要正确地表现出来。使用碎褶的地方，需要绘制出大致的褶皱，以及相应的松紧。此外，在绘制服装款式图的时候要注意领型、袖型以及各种口袋的形状等，这些部位的结构一定要清楚地表现出来，以强化服装的造型结构特征。绘制款式图所采用的工具，可以是针管笔、钢笔、签字笔等，以达到较为均匀、工整的效果。T恤款式图的画法，如图3-57所示。其他服装款式图，如图3-58所示。

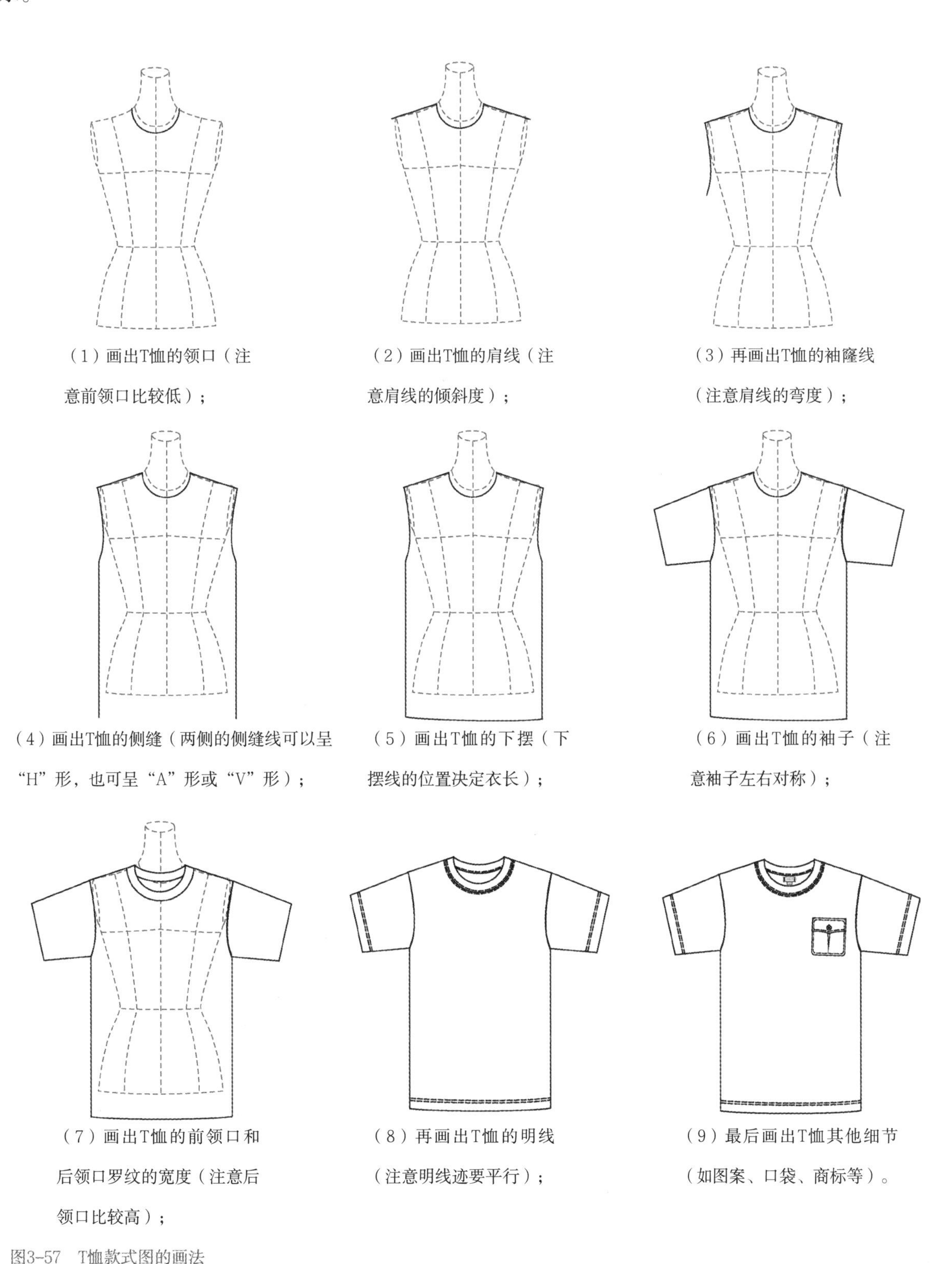

图3-57　T恤款式图的画法

图3-58　其他服装款式图

二、服饰配件的表现方法

服饰配件是时装画中不可缺少的因素，成功的造型设计一定需要各种配件的搭配。这些配件包括帽子、眼镜、鞋包、头饰、首饰以及腰饰等，其表现形式多样、变化繁杂，所以一定要掌握其规律才可以运用自如。

（一）帽子、头饰、首饰等的表现

帽子和头饰的表现重点除了其形状、材质等方面，最重要的就是一定要表现出帽子和头饰与面部、头发的贴合关系，不能出现帽子或头饰悬在头顶的错误，所以在画帽子的时候要先画出头的形状和动态，然后根据头型和动态确定帽子的位置。由于帽子和头饰的种类繁多，在画时一定要根据帽子和头饰的款式及形状进行处理。（图3-59、图3-60）

围巾一般是围在人体的颈部或包在头上，也可以作为披肩来用。在画的时候，要注意表现围巾和脖子以及肩部的转折、缠绕关系。

首饰和腰饰的款式一般要与整体造型风格相协调，所以在绘画的时候一定要注意整体的主次关系。（图3-61）

图3-59　帽子的表现

图3-60　帽子及头饰的表现

图3-61　配饰的表现

（二）鞋、包的表现

鞋的款式丰富多变，注意鞋是随着脚的动作而发生角度变化的，画时要想到脚的状态，鞋的款式不同要用不同的笔来表现其质感。包的款式繁多，只要根据包本身的款式画出来即可。（图3-62—图3-64）

图3-62　包的表现

图3-63　鞋的表现

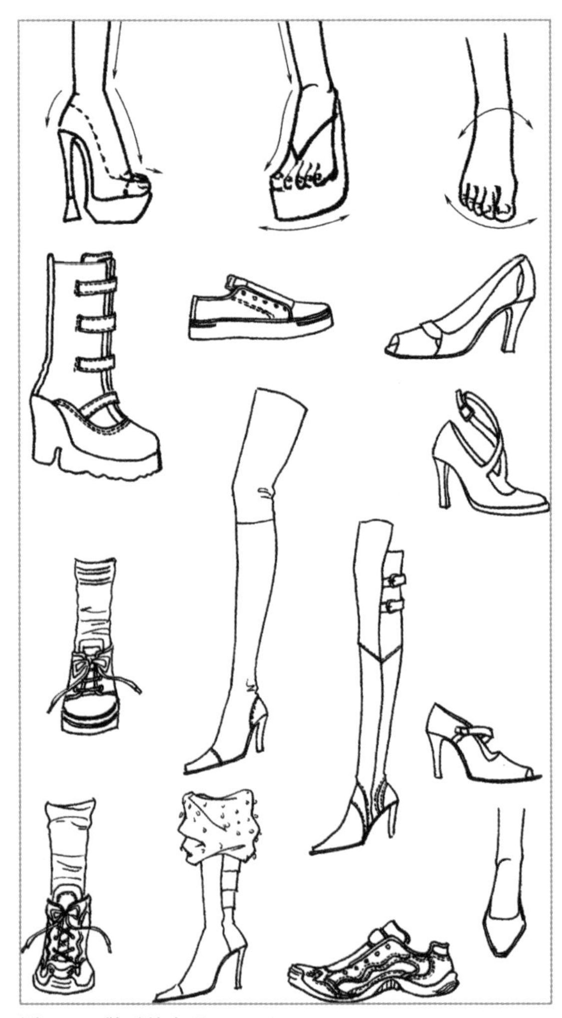

图3-64　鞋子的表现

思考题

1. 时装画中几种线条的表现方法各自的特点有哪些？
2. 服装款式图表现时要注意哪些方面？

作业题

1. 线的表现6张，用8开画纸。
2. 黑白表现4张，用8开画纸。
3. 服饰配件表现4张，用8开画纸。

4

第四章

彩色时装画的表现技法

第一节 色彩薄画法的表现技法

时装画中薄画法的表现以水彩色、透明水色等颜料为主要材料，表现服装设计的各种造型。其中水彩表现技法是最重要的表现方法之一，由于水彩设色具有晶莹剔透、表现技法酣畅淋漓的特点，所以适合表现一些透明及材质轻薄的服装。用笔着色既可以大面积地涂画，也可以较为细致地晕染。但应注意的是，水彩色覆盖力很弱，在用笔与着色时最好一气呵成，如果反复涂抹，就会使颜色变脏，破坏画面效果。薄画法一般选择白云笔或水彩笔，运笔力求干净利落、层次分明，适合表现明快、爽利的画面风格及与之相适应的服装主题。水彩表现技法常用的有晕染法、写意法和淡彩法三种基本画法。

一、晕染法

晕染法是运用国画中工笔重彩的表现手法，着重刻画服装的细部和面料的质感，强化服装的造型特征和艺术效果。

具体方法是用一支颜色笔和一支清水笔同时绘制，把颜色涂在线条一侧，趁其未干时马上用另一支清水笔将颜色渲染晕化开，由深至浅，使画面表现出丰富的层次感，形成渐变的、韵味十足的美感。在晕染时，色彩浓淡的变化、运笔的方向、水分的掌握、时间的控制、下笔的轻重都会对晕染的最终效果产生影响。使用晕染法在晕染的过程中，需注意画面的主次关系，把设计重点和服装主体作为着重刻画的对象，其他部分要概括、简练。

晕染法的时装画具有一种柔软、温和的感觉，适合表现具有飘逸动感、舒适或强调织物图案特色的服装，特别是一些丝、绸、缎、纱等制成的婚纱、礼服类柔和优美的服饰。（图4-1—图4-5）

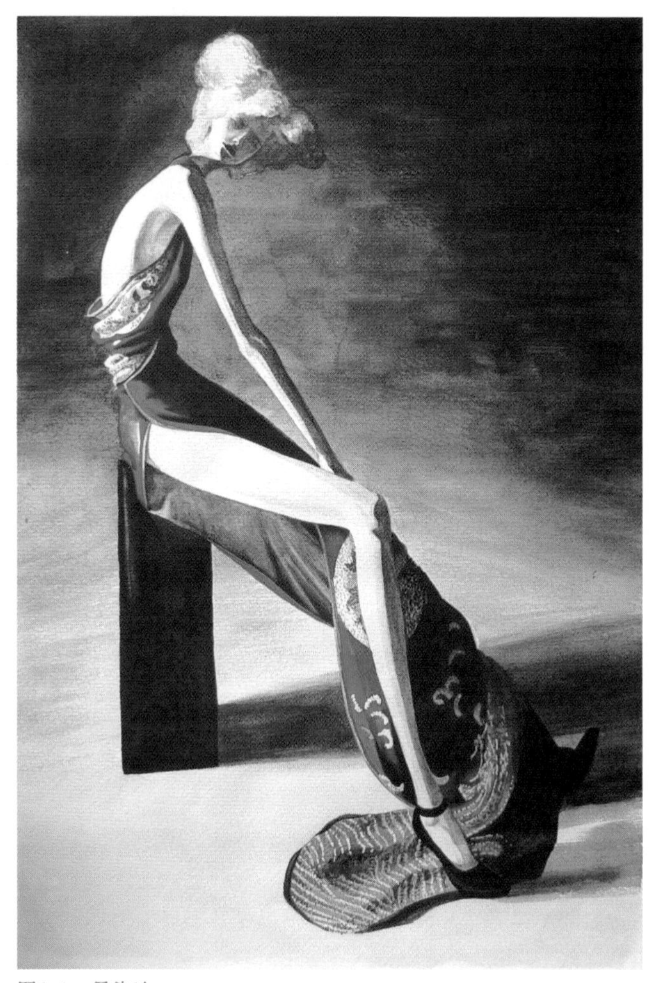

图4-1　晕染法

图4-2　晕染法

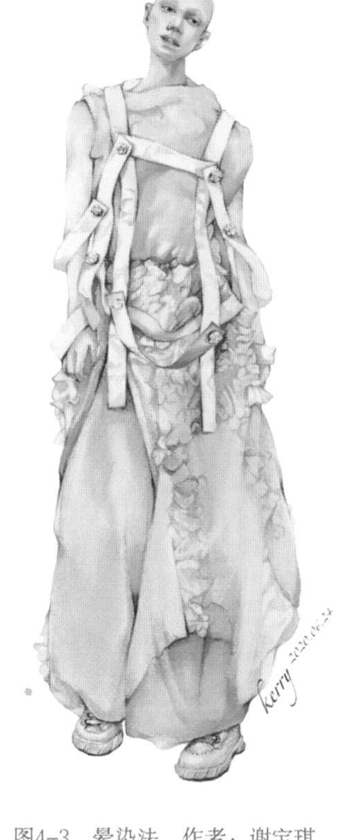

图4-3　晕染法　作者：谢宝琪

图4-4　晕染法　作者：玄月

图4-5　晕染法

二、写意法

写意法借鉴中国画中大写意的用笔和着色技法，是时装画中常见的一种表现技法，有一定的抽象美感和多种意境表达效果。

具体方法是，画的时候选择大白云毛笔或大号水彩笔，蘸色要饱和一些，按照服装的结构大笔挥洒。下笔的方向需遵循身体的结构以及衣纹线条的走向而定。笔触借助于衣纹、衣褶的结构来完成，使色彩成“画”、衣纹成“线”。还要善于运用笔触处理空白、虚实、浓淡，通过交融连贯的设色、穿插有序的线条，流畅生动地表现丝绸、纱等柔软轻薄的织物质感。写意法尤其适合表现一些大面积的服装造型，如曳地长裙、披风等，能够体现出一种张力与动态，其效果生动而大气。写意法要注意水分的掌握和水渍的形成。（图4-6—图4-9）

图4-6　写意法　作者：玄月

图4-7　写意法　作者：杨丰瑜

图4-8　写意法　作者：钟捷

图4-9　写意法

三、淡彩法

淡彩法具有简洁、清新的效果，画法比较简单，容易出效果，是最常见的时装画表现技法。根据勾线的工具不同，可以分为铅笔淡彩、钢笔淡彩和毛笔淡彩三种形式，而最常见和最方便的是铅笔淡彩和钢笔淡彩两种。

在设色时要求色少水多，涂抹畅快，干净利落。色彩明丽淡雅，用笔随意、生动，不追求详尽的明暗关系和微妙的色彩变化。淡彩法颜色通透而有光感，与线描结合轻松自然。（图4-10—图4-15）

另外，还有诸如透明水色的运用技法等多种表现方法，透明水色在建筑效果图中应用较多，它的特点是颜色较水彩、水粉鲜艳，饱和度高，透明度好，渗透力强。但其颜料特性是速干的，不宜涂匀，如果把握不好，画出的颜色会让人感

图4-10　淡彩法

图4-11　淡彩法

图4-12　淡彩法

觉烦躁，尤其不适合表现肤色。透明水色可以和水粉、水彩等颜料一同使用，可以避免一些自身的应用弱点。

透明水色画法与水彩画法相似，也是先画亮面，后画暗面。控制好颜色的纯度，用多层罩染画法，可以把对象表现到极细致的程度，并可以很好地渲染空间感、立体感和衣物的质感。利用透明水色的渗透力和扩张性，在先上的颜色未干时，涂上另一种颜色，后者会在画面中随机渗透开来，形成很随意的图案效果，接近于扎染，蜡染等效果。另外，结合中国传统工笔重彩的画法，用一支蘸色笔和一支清水笔进行晕染，也会在时装画的表现中取得良好的视觉效果。

图4-13
淡彩法

图4-14 淡彩法

图4-15 淡彩法

第二节　色彩厚画法的表现技法

色彩厚画法是运用水粉颜料、丙烯颜料、油画颜料等来表现服装设计的多种造型。其中水粉颜料是最易掌握、应用最广的。与水彩色相比，水粉色具有厚重易覆盖的特性，假如第一遍的颜色画得不理想，可以再上一遍颜色覆盖前面的颜色。色彩的厚画法适合表现厚质感的和带有特殊肌理的服装效果。水粉画法一般选择水粉笔、白云笔等，其表现方法有平涂法、厚涂法和笔触法三种。

一、平涂法

平涂法是装饰绘画中最基本的表现方法，画面装饰味浓，可表现出工整的美感。其画法是以面料的固有色为主，按照服装的结构平涂，不强调明暗变化，将服饰以剪影的形式进行平面化处理。用平涂法时，调和颜色的水分要适当。水分太多难以画匀，会在画面上形成色彩浓淡、深浅的差异；水分太少调出的颜色过于干燥，在运笔时会出现枯笔，也会出现不易涂匀的现象。因此，在确定采用平涂法后，颜色要一次性多调一些，以免画到一半颜色用完，二次调出的颜色很难和先前的颜色完全一致，会影响画面的色彩装饰效果。另外要注意的是，在颜色未干时不要重复涂色，否则会使两种或几种颜色产生混色的现象，从而破坏原有的画面效果。

有时为了避免画面的呆板，可采用在服装的一侧留出侧光或者在两侧都留出侧光的办法，以此来增强服装造型的立体感。平涂法更适合表现造型结构简单、图案细致规整的服装效果。在画面的处理上，要注意色块面积的比例关系和外形轮廓的变化。由于变化简单，色彩间过渡较生硬，故平涂法不适宜表现轻薄透明、动感强、注重色彩间微妙变化、大面积灵动飘逸的服装。（图4-16、图4-17）

图4-16　水粉平涂法

图4-17　水粉平涂法　作者：王可欣

二、厚涂法

厚涂法是为表现那些如毛呢、棒针织物等具有粗厚质感或凹凸感的织物，借用油画中印象派、点彩派的表现手段，利用水粉厚涂的办法进行相应的艺术处理，同时可以配合国画用笔的皴擦技法表现一些特殊肌理的服装，使之产生粗犷、豪放的视觉美感。颜料自身的厚度可强化出服装的质感，使时装画的表现在视觉和触觉上更逼真。（图4-18、图4-19）

图4-18　水粉厚涂法

图4-19　水粉厚涂法

三、笔触法

笔触法的特点是利用下笔的痕迹变化来表现服装的层次，使画面具有一种痕迹美。作者在画前要充分酝酿形成腹稿，下笔时才能做到心中有数，以最快的速度完成服装的着色过程。笔触法的关键，一是下笔的方向一定要按照服装的衣纹、衣褶变化；二是在服装的外边缘处适当地留出空白，使服装更加有光感和动感。（图4-20—图4-23）

图4-20
笔触法

图4-21
笔触法

图4-22
笔触法

图4-23
笔触法

图4-20

图4-21

图4-22

图4-23

第三节　时装画的绘画方法与步骤

一、手绘图中常见的问题

手绘时装画中常见的问题包括以下几点。

（1）平涂时颜色不均匀。这种现象主要是绘画时下笔时轻时重，或者颜料太稠所致，所以在绘画时要在颜料中加入适量的水调匀，下笔时应保持力度一致，这样就可以避免这个问题了。

（2）勾线时线条时粗时细。这主要是勾线时力度掌握得不好所致，所以在勾线时应尽量保持力度一致。而毛笔勾线时线条时断时续，是由于颜料太干，应该加入适量的水进行调和使用。

（3）绘画图案干后手感硬。造成这种现象的原因有两种可能：一是因为颜料太稠，以致颜料画好之后太厚，这种情况要加清水调和；二是在同一个地方多次重复涂颜料。

另外，还要注意在画错线条或涂错颜色时，如果是采用薄画法的话可以直接用清水进行擦拭，等干了后再画其他颜色。但如果是厚画法的话就不要急于用水擦拭，也不能马上拿去洗涤，这样不但不能起到好的作用，反而会适得其反。如果是画错了线条就可以在颜料干后先用白色颜料覆盖，白色颜料干后再补涂上正确的线条。

二、时装画的绘画方法与步骤

示范一如下。

步骤1：先用直线条画出大体轮廓；（图4-24）

步骤2：小心地用铅笔画出细节；（图4-25）

图4-24
步骤1

图4-25
步骤2

图4-24

图4-25

步骤3：用大号水彩笔画出背景；（图4-26）

步骤4：用油画棒细心地画出服装的肌理和图案，用水彩画出皮肤颜色；（图4-27）

步骤5：上色并刻画明暗关系及细节。（图4-28）

图4-26

图4-27

图4-28

图4-26
步骤3

图4-27
步骤4

图4-28
步骤5

示范二如下。

步骤1：用铅笔起好轮廓；（图4-29）

步骤2：画好背景色和大底色；（图4-30）

步骤3：找出具体的服装色彩和明暗关系；（图4-31）

步骤4：深入刻画细节。（图4-32）

图4-29 步骤1

图4-30 步骤2

图4-31 步骤3

图4-32 步骤4

示范三如下。

步骤1：起好铅笔稿子；（图4-33）

步骤2：用大号水彩笔铺好大的色彩关系；（图4-34）

步骤3：找出人物和服装色彩的明暗关系；（图4-35）

步骤4：画好背景并用炭笔刻画肌理效果。（图4-36）

图4-33　步骤1

图4-34　步骤2

图4-35　步骤3

图4-36　步骤4

示范四如下。

步骤1：在画好的铅笔稿上先画出大的色彩关系；（图4-37）

步骤2：进一步刻画整体的明暗关系；（图4-38）

步骤3：用小号笔刻画细节，完成。（图4-39）

图4-37　步骤1

图4-38　步骤2

图4-39　步骤3

第四节 多种材料的手绘表现技法

一、彩色铅笔表现法

彩色铅笔画具有独特的表现效果，既可以刻画得细致入微，又可以简略概括。彩色铅笔的使用方法和铅笔素描基本相似，不同的是它以颜色来表现画面，利用最简便的上色方法，表现色彩缤纷的服饰，这是彩色铅笔使用的重点。彩色铅笔画使用的纸张有素描纸、水粉纸和复印纸等。彩色铅笔的表现步骤如下。

步骤1：画出人体着装线描稿；（图4-40）

步骤2：选择接近皮肤颜色和头发颜色的彩色铅笔，用明暗素描的表现手法分别画出肤色和头发的颜色；（图4-41）

步骤3：选出服装及配饰的彩色铅笔，同样采用明暗素描的表现手法，分别画出服装和配饰的色彩；（图4-42）

步骤4：接下来刻画五官和服装细节；（图4-43）

步骤5：最后画出服装上的图案，并调整画面的整体效果。（图4-44）

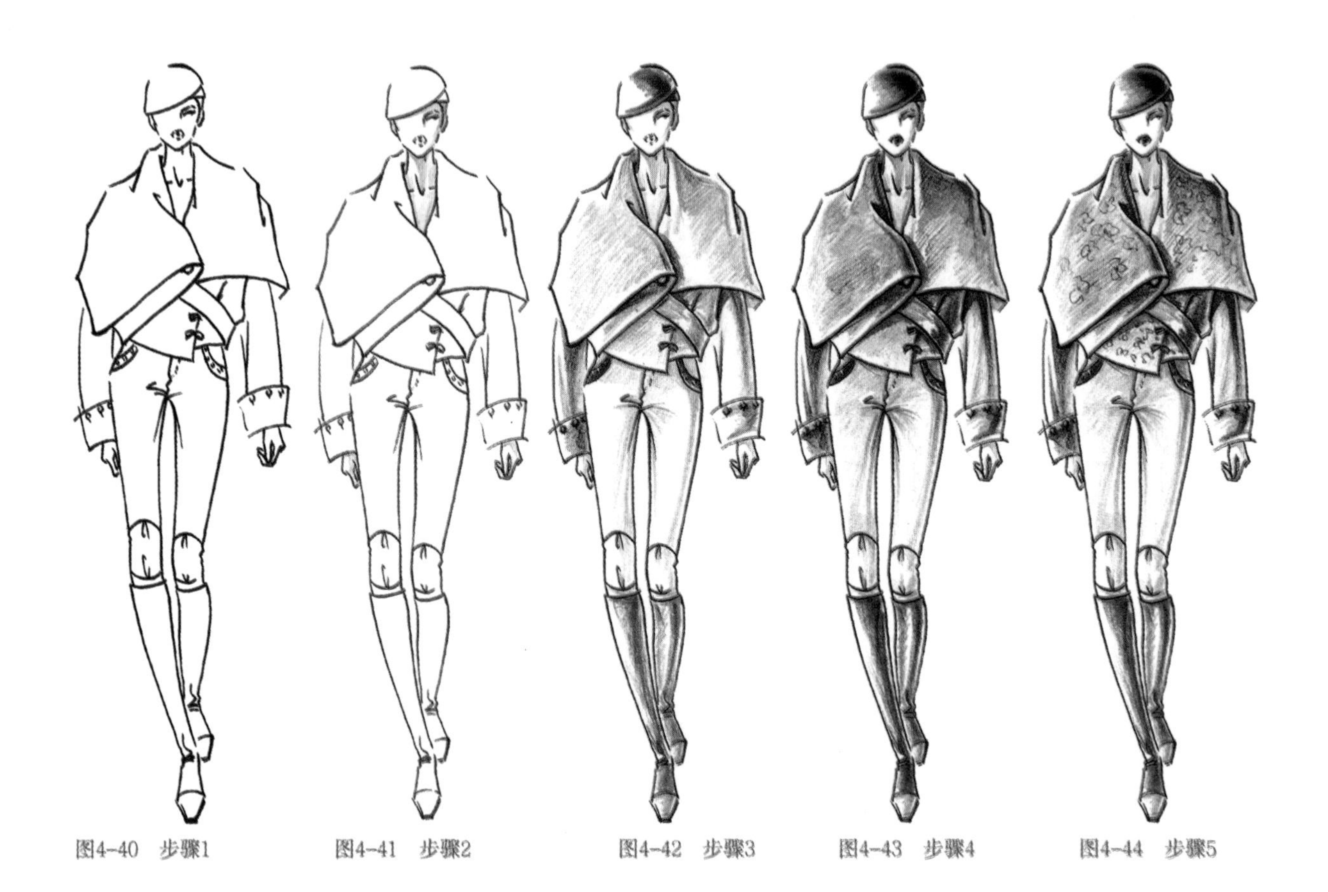

图4-40 步骤1　图4-41 步骤2　图4-42 步骤3　图4-43 步骤4　图4-44 步骤5

使用干画法时，水溶性彩色铅笔的效果和彩色铅笔相同，加水溶解会出现水彩画的效果，因此它是彩色铅笔与水彩笔两者兼备的特殊工具。使用水溶性彩色铅笔时，一般采用干湿结合的画法。先用水溶性彩色铅笔画出颜色，再用毛笔蘸水加以晕染，使画面出现干湿相融的丰富效果。用水溶性彩色铅笔画图时，最好选用水粉纸或素描纸等纸面颗粒适中的纸，毛笔选择国画毛笔白云笔或水彩笔。另外，彩色铅笔与水粉笔、水彩笔或马克笔等结合使用，可以很好地刻画出造型中的诸多细节，是时装画中一种较为常用的表现方法。（图4-45—图4-48）

图4-45 彩色铅笔表现

图4-46 彩色铅笔表现

图4-47 彩色铅笔表现

图4-48 彩色铅笔表现

二、马克笔表现法

马克笔是目前手绘表现最主流的上色工具，是一种书写或绘画专用的绘图彩色笔，笔触柔和，色彩饱满，常用于设计绘画。马克笔的笔尖一般分为粗细、方圆等类型。绘制时装画时，可通过灵活转换角度和倾斜度画出不同效果的线条和笔触来。

马克笔的色彩不像水粉、水彩那样可以修改与调和，因此在上色之前要对颜色以及用笔做到心中有数，一旦落笔不可犹豫，下笔要准确、利落，注意运笔的连贯，一气呵成。马克笔的笔宽也是较为固定的，因此在表现大面积色彩时，要注意排笔的均匀或是用笔的概括。使用时要根据它的特性发挥其特点，更有效地表现整个画面。

马克笔的表现步骤如下：

步骤1：画出人体着装线描图；（图4-49）

步骤2：找出肤色，画出人体的暗部；（图4-50）

步骤3：分别画出头发、服装、鞋子和配饰部分的基本色；（图4-51）

步骤4：分别画出头发、服装等部分的暗部；（图4-52）

步骤5：最后画出服装上的图案并调整画面整体效果。（图4-53）

马克笔可以与其他工具结合，先用钢笔或铅笔勾画人物，然后用马克笔逐步上色，也可以直接用马克笔勾线上色。但在平涂或勾线时，应该注意充分表现马克笔的材质美感。用笔要肯定，不要过多

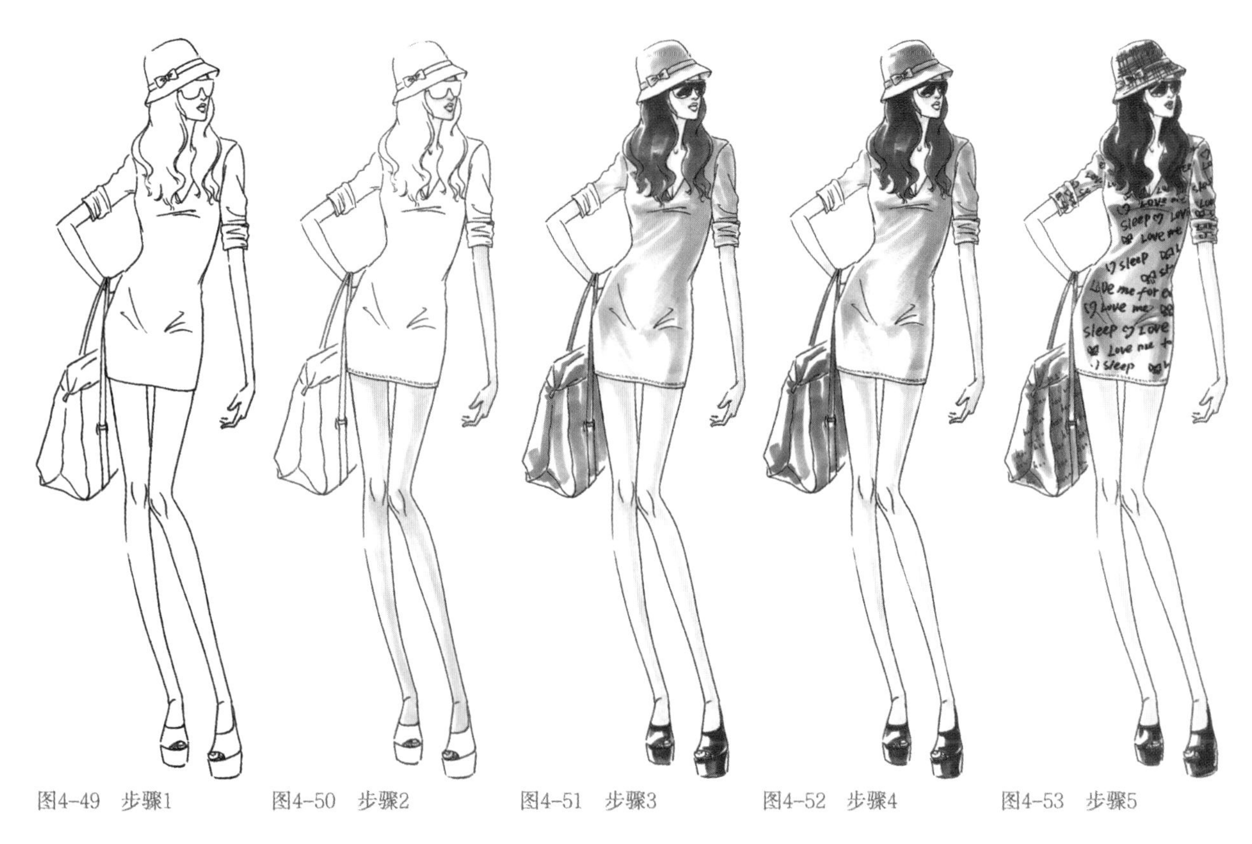

图4-49　步骤1　　图4-50　步骤2　　图4-51　步骤3　　图4-52　步骤4　　图4-53　步骤5

重复涂盖。

使用马克笔画图时，纸张的选用很重要，不要用吸水性过强的纸，这样会使马克笔的水分渗出，影响画面；用卡纸、素描纸、图画纸、马克笔专用纸等硬质地的纸较适宜。在画之前，最好用笔在废纸上试涂，试看纸的性能，为实际操作做准备。（图4-54—图4-59）

图4-54　马克笔表现　　图4-55　马克笔表现　　图4-56　马克笔表现

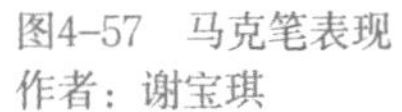
图4-57　马克笔表现
作者：谢宝琪

图4-58　马克笔表现（图片来自网络）

图4-59　马克笔表现

三、丙烯颜料表现法

丙烯颜料优于他种颜料的特征有：根据稀释程度的不同，可以画出淡如水彩画、浓如油画般的效果；干燥后耐水性较强，可大胆地做色彩重叠；颜色饱满、浓重、鲜润，无论怎样调和都不会有“脏”“灰”的感觉；作品的持久性较强。（图4-60—图4-63）

图4-60　丙烯颜料表现

图4-61　丙烯颜料表现

图4-62　丙烯颜料表现

图4-63　丙烯颜料表现

四、拼贴表现法

拼贴法是利用生活中具体的材料，如废旧画报、色纸和布料等，通过剪裁和粘贴的技法来表现。表现方式有拼接勾线法和直接剪贴法两种，按造型需要选择相应的材料进行拼接、粘贴，它可以直观地表现出造型中面料运用的整体效果。（图4-64—图4-66）

图4-64　拼贴表现

图4-65　拼贴表现　作者：苏泽睿

图4-66　拼贴表现　作者：Gigi Thanawongrat

五、阻染表现法

阻染法是指利用油性颜料（油画棒、蜡笔、油性马克笔等）与水性颜料（水粉、水彩、水性铅笔等）相互不融的特性，以油性颜料做纹理，水性颜料附着其上而产生的特殊效果。这种方法多用于对深底浅色面料的处理，如蓝印花布、蜡染面料以及镂空面料等，也可以表现面料的肌理效果，如表现粗纺毛料等。（图4-67）

图4-67　阻染表现

六、综合表现法

在一幅作品中，将两种或几种技法综合使用，这样不仅能表现出特有的整体效果，同时也丰富了表现形式和艺术语言，从而完美地表现时装画的独特内涵。（图4-68—图4-70）

图4-68　综合表现　作者：谢宝琪

图4-69 综合表现

图4-70 综合表现

七、其他表现方法

喷绘法：借助喷笔、喷枪、气泵等工具代替画笔，充分表现物象立体感和均匀过渡的一种技法。在数码技术和工具普及的现代，喷绘技法的用武之地虽已大大减少，但在纯手绘的作品中，还是可以起到多种作用的。喷绘技法中还有某些特殊表现技法，如将纸张等揉皱成所需要的肌理，使用喷枪在45度斜角以下进行喷绘，可以获得类似重峦叠嶂、微波细澜等图像。喷绘法除使用专业的喷绘工具外，还可以利用刷子等工具达到类似的处理效果，采用遮挡方法，可以喷绘出清晰的边缘。（图4-71、图4-72）

洒色法：将色彩洒在画面的一种方法。以毛笔、海绵等工具敷上颜色并洒在画面所需之处，以达到一种不规则的点状的肌理效果。（图4-73、图4-74）

重叠法：以色与色的逐层相加，产生另一种色相、明度、纯度等不同的色彩。这种效果，一般表现透明、需要加深的颜色，可以多次重叠完成。（图4-75、图4-76）

拓印法：将棉花、海绵、布等材料制作成一定的形状，敷上颜料之后作于画中，可形成一定的肌理效果。（图4-77）

转印法：转印纸上的图案，并将这些图案用刮笔转印到画中。转印的图案具有工整、快捷等优点，但受到转印纸图案种类及尺寸的限制。（图4-78）

凹凸法：使用一定的外力，将画面所要处理的部位，用敲打、挤压等方法显示出凹凸效果，由此

图4-71
喷绘法

图4-72
喷绘法

图4-73
洒色法

图4-74
洒色法

图4-75
重叠法

图4-76
重叠法

图4-77
拓印法

图4-78
转印法

而产生一种立体的效果。在纽扣、口袋、装饰物等部位可采用此法。但运用此法时，色彩的选用不可太多，最好在色块或单色色块，甚至是无色之中处理凹凸效果。凹凸的部分面积不宜过大。使用凹凸法时，应注意力度的大小，以及纸张的弹性、厚薄，以免损坏画面。（图4-79）

摩擦法：用枯笔、海绵、橡皮、布等带有阻力的粗糙材料，敷上少许颜料，摩擦画面，或用砂纸、牙刷等工具摩擦画面，由此营造出一种较为朦胧、陈旧的痕迹效果。（图4-80）

流彩法：有些面料纹理或某些特殊肌理的效果，常采用流彩法。此方法利用颜料的流动性达到表现的目的。先用适量的清水打湿需要处理的部分，然后把含有一定水分的颜色置于其中，小心翻动画面，使色彩流动至满意为止，干后即呈现具有流动感的画面效果。亦可预先在镜面、水面等光滑的材料表面将颜料做好流动的色彩肌理，然后把画纸覆盖其上，将流动的色彩印入画中，最后进行剪辑处理。（图4-81、图4-82）

刮割法：利用某种硬物、尖状物或刀状物，刮割画面，使其产生一种特殊效果。如对裘皮的处理或表现，常常采用尖状物，沿裘皮纹理适当刮划，能表现出裘皮的蓬松、真实感。（图4-83、图4-84）

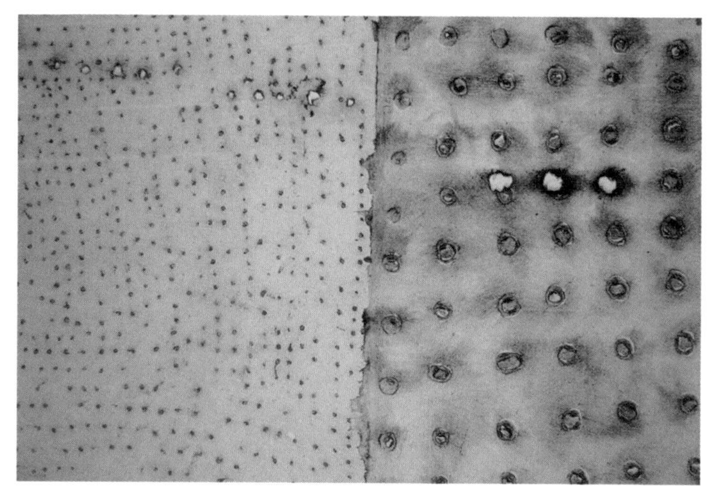
图4-79　凹凸法

图4-80　摩擦法

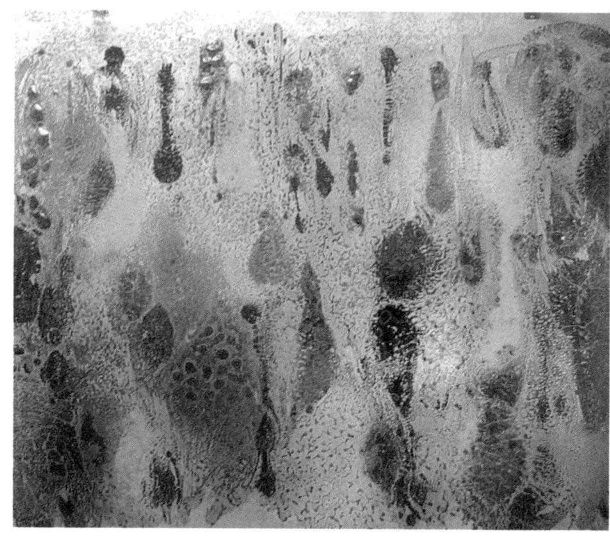
图4-81　流彩法

图4-82　流彩法

图4-83
刮割法

图4-84
刮割法

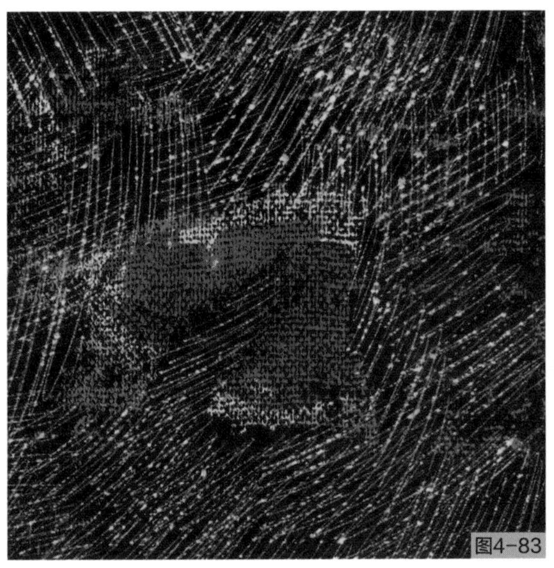
图4-83

图4-84

第五节　电脑绘画的表现技法

电脑绘画主要依靠的软件有Photoshop、Procreate、Painter、Corel Draw等。电脑绘画的方法有如下几种：一种是在电脑“工具箱”里选择勾线的工具，直接在屏幕上用勾线的工具准确地勾画出人物的造型；另一种是采用把设计图直接输入电脑，然后用电脑上色。这两种方法都必须在勾线的基础上选择需要的色彩和不同的表现技法，如利用涂抹、喷画、渐变等不同的方法进行操作，逐步达到满意的效果。还有一种是直接用压感笔在平板电脑上绘制。现在数位板以及压感笔技术的提高使电脑绘图更为方便，只要对软件有一定的熟悉度就可以画出理想的效果图。（图4-85—图4-89）

图4-85
电脑时装画
作者：谢宝琪

图4-86
电脑时装画
作者：谢宝琪

图4-85

图4-86

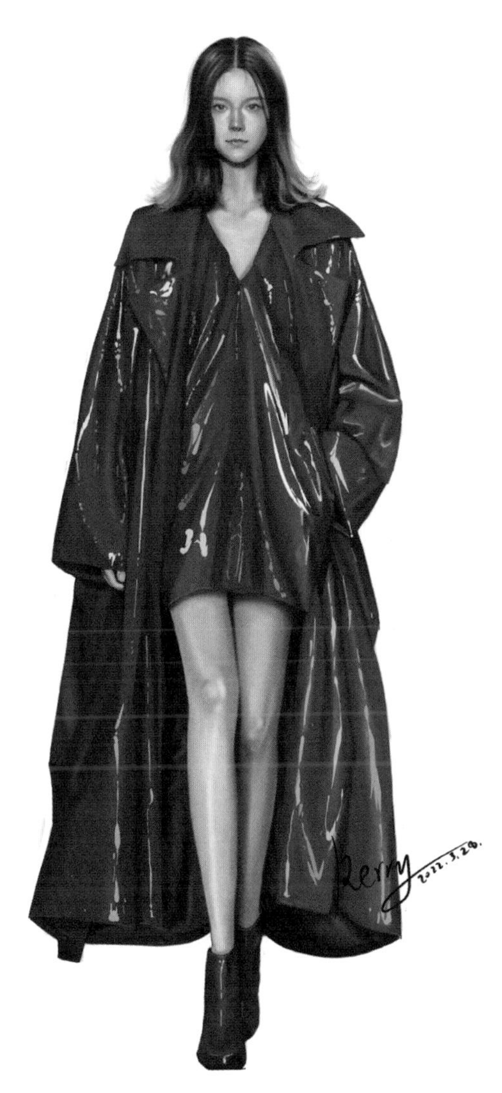

图4-87 电脑时装画 作者：谢宝琪

图4-88 电脑时装画 作者：谢宝琪

图4-89 电脑时装画 作者：邹璐

思考题

1. 举例说明不同绘画技法绘出的时装画各自的特点有哪些。
2. 薄画法和厚画法最主要的区别有哪些？

作业题

1. 色彩薄画法表现的时装画1张，用8开水彩纸。
2. 色彩厚画法表现的时装画1张，用8开水彩纸。
3. 彩色铅笔表现的时装画1张，用8开水彩纸或底纹纸。
4. 彩色铅笔水彩法时装画1张，用8开水彩纸。
5. 马克笔表现的时装画1张，用8开水彩纸或马克笔专用纸。
6. 阻染法时装画1张，用8开水彩纸或有色纸。
7. 电脑绘制的时装画1张，用8开纸。

第五章

时装画面料质感及风格表现

第一节 不同种类面料的表现方法

面料的分类，可以大致归纳为以下几种：轻薄面料、厚重面料（包括中等厚度）、毛绒面料、透明面料、反光面料、镂空面料、针织面料以及一些特殊材质的面料。运用各种技法，可以在画中得到特定面料表现的相对准确性和艺术氛围。

一、轻薄面料的表现

轻薄面料是指具有柔软、飘逸、顺滑、通透等特点的薄型面料，如丝绸、乔其纱和雪纺等。其特征是飘逸、轻薄，易产生碎褶。在表现薄料时，用线要轻松、自然，使用较细而平滑的线，线条均匀流畅，不宜使用粗而阔的线。以淡彩的形式可以较好地表现薄质面料，简洁的色彩薄薄地透出底色；或者运用晕染法、喷绘法，都易表现出薄、透、飘的感觉。在表现轻薄面料的碎褶时，要注重衣褶的随意性和生动性，按照其光影关系进行虚实的着重刻画。表现轻薄面料大面积的起伏，可以使用大笔触进行大面积的处理。（图5-1—图5-3）

图5-1 轻薄面料的表现

图5-2　轻薄面料的表现　作者：丁香

图5-3　轻薄面料的表现　作者：丁香

二、厚重面料的表现

厚重面料通常指秋冬季服装常用的毛、呢、绒制品等。其特点表现为手感丰满、表面绒毛丰富、体积笨重等，所以厚重面料易采用粗犷、挺括的线条来表现。经常采用的方法包括平涂法、干画法、叠加法、拓印法等。如毛呢的反光性较弱，可利用平涂、摩擦等方法来表现这种感觉。粗花呢可采用洒色法、拓印法等表现其纹理。牛仔布可用摩擦法以及拓印法，表现出牛仔布的纹理。（图5-4—图5-7）

图5-4　厚重面料的表现

图5-5
厚重面料的表现

图5-6
厚重面料的表现

图5-7
厚重面料的表现

三、皮草、毛绒面料的表现

皮草、毛绒面料常用于冬装，具有突出的保暖性能和华丽或野性的外观效果，包括裘皮面料、羽毛面料、绒布面料等。

裘皮面料具有蓬松、毛茸茸、体积感强等特点。长毛狐皮面料还具有一定的层次感、厚度感和独特的塑形能力。表现裘皮可以用“整齐撇丝”和“散乱撇丝”的表现方法，先上深色，然后顺着裘皮的纹理一步步地逐层提亮。绒布面料的绒毛较短，可以运用摩擦法来表现，但在处理边缘时，要表现出起毛和虚化的感觉。羽毛的层次感强，其表现步骤与表现裘皮面料的步骤相似，但是表现羽毛不能采用撇丝法，而应该用较大的笔触，一层层地画出羽毛的形状。（图5-8—图5-11）

图5-8　皮草、毛绒面料的表现

图5-9　皮草、毛绒面料的表现

图5-10　皮草、毛绒面料的表现

图5-11　皮草、毛绒面料的表现　作者：丁香

四、透明面料的表现

透明面料包括塑料、纱等。表现透明面料时可以综合运用重叠法、晕染法或喷绘法来表现其透明效果，在表现时要抓住透明面料的特点，如当透明的纱与塑料覆盖在比它们的色彩明度深的物体上时，被覆盖物体的颜色会变得较浅；反之，被覆盖物体的颜色便会变深。塑料具有较高的透明感和较强的反光性等特点，所以在表现时一定要强调出它的硬度感。纱容易产生自然的褶皱，在处理时，要加强层次的丰富感。（图5-12、图5-13）

图5-12 透明面料的表现

图5-13 透明面料的表现（图片来自网络）

五、反光面料的表现

反光面料包括皮革、仿皮革、塑料以及特种反光材料等，表现时采用写实的方法处理，注重面料的细部变化，将转折、褶皱进行深入刻画，表现出反光面料丰富的层次。另一种较为简单的方法是采用平涂法，将面料归纳为几个层次，重点表现面料的受光面、灰调面、暗面，将灰面与受光面的明度差距加大，产生对比后的光感。受光面一般可以直接采用白色处理，着重表现面料大的转折、褶皱的光感和明暗的对比度。（图5-14、图5-15）

图5-14
反光面料的表现 作者：丁香

图5-15
反光面料的表现
作者：玄月

图5-14 图5-15

图5-16
镂空面料的表现

图5-17
镂空面料的表现
作者：彭晶

六、镂空面料的表现

镂空面料包括蕾丝、勾织物等。在表现镂空面料时可以运用阻染法，具体方法是用油性颜料（如白色油画棒）按需要事先绘制图案，然后将水性的颜料覆盖于图案之上，两种不同性质的颜料会产生自然分离的效果，以此产生镂空面料的感觉。另外，还可以在深色底纹纸上通过用浅色勾线法进行表现；此外，在表现时还经常采用干画法、叠加法等进行细致描绘。（图5-16、图5-17）

图5-16 图5-17

七、针织面料的表现

表现针织面料时，要把编织的表面纹理作为表现的重点，或者适当夸张面料的针织纹理效果。其面料特点为伸缩性强、质地柔软、吸水及透气性能好等。由于针织面料的种类不同，其表现方法也不同。工具有彩色铅笔、油画棒、马克笔、水粉笔等，可采用摩擦法、勾线平涂等技法。（图5-18—图5-20）

图5-18

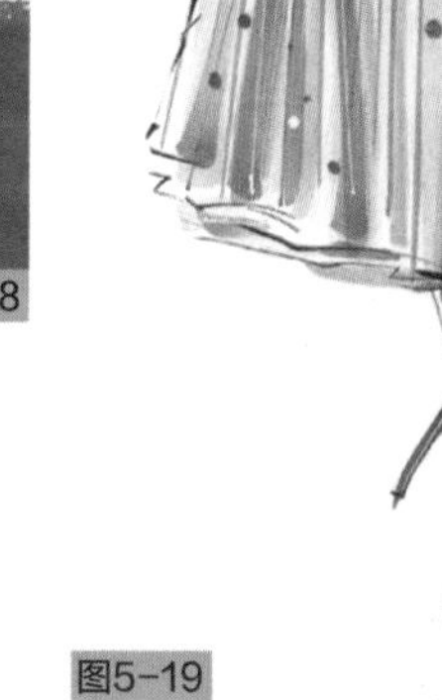

图5-19

图5-19

图5-18
针织面料的表现

图5-19
针织面料的表现作者：丁香

图5-20
针织面料的表现　作者：袁春然

八、面料图案的表现

面料图案是指时装面料上各种形式的纹样，其特点是要把服装上的花纹和图案作为重点表现对象。面料图案的内容多、形式各异，但也有共同的特点，即图案的布局及其表现手法具有一定的规律，绘制图案时一定要注意这种规律性，概括、简明地抓住图案主题的构成形式和格局特点进行强化处理。（图5-21—图5-25）

图5-21　面料图案的表现　作者：刘蓬

图5-22　面料图案的表现

图5-23　面料图案的表现　作者：丁香

图5-24　面料图案的表现　作者：丁香

图5-25　面料图案的表现

第二节　服饰绘画的风格表现

风格即风度品格，体现创作中的艺术特色和个性，是共性与个性的统一。它有鲜明的个性特征，也拥有整体性的共性内容，是设计作品内容与形式上的统一，是在整体设计中呈现出来的一种独特的艺术特征。

一、简约风格

简约风格最典型的特点是生动。简约风格的作品目的明确、中心突出，在绘制中把握对象的主要特征，大量使用简化手法提炼出最能表现设计主题的重要线条或色块，完成对设计对象的直接阐述。因为它快捷方便的优点，实际使用非常广泛。（图5-26—图5-28）

图5-26　简约风格

图5-27　简约风格

图5-28　简约风格

二、写实风格

写实风格画面真实感强，影调过渡自然，素描关系明确。写实风格最典型的特点是逼真，充满理想主义的完美，详细刻画服饰以及相关的细节特征，甚至连微小的结构变化和光影变化都精细刻画。但值得注意的是，即使是写实的造型图，其人物的比例也是夸张的，一般会采用九头身的高度进行绘制。（图5-29—图5-34）

图5-29　写实风格

图5-30　写实风格

图5-31　写实风格

图5-32　写实风格　作者：饶金波

图5-33　写实风格　作者：刘思彤

图5-34　写实风格　作者：袁春然

三、装饰风格

装饰风格起源于20世纪初的新艺术运动。艺术家们从原始艺术、巴洛克艺术、洛可可装饰艺术以及日本浮世绘、古代装饰画等艺术中汲取其单纯的形式感，提倡装饰性、平面化及对形和色彩的高度概括、提炼。在画面构图与色调的处理上，常常运用对称、均衡、反复、变化与统一、对比与调和等各种形式法则。时装画中的装饰感可以通过人物的夸张造型、面料纹样的平面化处理以及具有装饰效果的构图等来表达。装饰风格的时装画所采用的工具和材料没有任何限制，因此表现力相当丰富，但由于装饰风格会运用到大量的色块与色块之间的对比关系，所以要求设计者对色彩的把握要有较强的敏感度，只有这样才可以做到把握有度、挥洒自如。（图5-35—图5-38）

图5-35　装饰风格

图5-36　装饰风格　作者：Bijou Karman

图5-37　装饰风格　作者：李柳依

图5-38　装饰风格　作者：苏泽睿

四、夸张风格

夸张风格的表现手法是利用素材特点，通过设计艺术的夸张手法使原有的形态变化，达到一种形式美的效果，制造出强烈的视觉张力。文学家高尔基指出："夸张是创作的基本原则。"通过这种手法能更鲜明地强调或揭示事物的实质，加强设计作品的艺术效果。但是，还应注意在设计中并不能无限度地进行夸张，还应该注意它的合理性。在夸张变形时首先要考虑到人的心理接受程度，其次要在原有素材的基础上夸张变化出更新颖和更丰富的效果。（图5-39—图5-41）

图5-39　夸张风格

图5-40　夸张风格

图5-41　夸张风格　作者：Arturo Elena

五、另类风格

另类风格的特点是离经叛道、无从捉摸而又不拘一格。它超出通常的审美标准，多以变形的手法突出个性，不惜放弃对服装和人物的合理描绘，追求怪异、突破常规的视觉画面。另类风格多用夸张及卡通的手法，或标新立异，或造型怪异，或诙谐幽默，表现出对现代文明的嘲讽和对传统文化的挑战。（图5-42—图5-45）

图5-42　另类风格

图5-43　另类风格

图5-44　另类风格　作者：Isabelle Feliu

图5-45　另类风格　作者：侯林

思考题

举例说明不同风格的时装画的特征有哪些。

作业题

1. 突出薄款面料的效果图1张，用8开水彩纸。
2. 突出厚款面料的效果图1张，用8开水彩纸。
3. 突出毛绒或者皮草面料的效果图1张，用8开水彩纸。
4. 突出透明面料的效果图1张，用8开水彩纸。
5. 突出镂空面料的效果图1张，用8开水彩纸。

6

第六章

时装画的综合创新表现

第一节　时装画的个性化创新表现

时装画的创新可以从创作的个性化进行思考和定位。个性化，顾名思义就是指非一般大众化的审美、品位与表达，具有独特另类、独具一格的特质和与众不同的特征。由于艺术风格是创作个性的自然流露和具体表现，在这里我们暂且将个性化等同于独特的个人风格来入手分析。法国作家布丰有一句名言："风格即其人。"刘勰说："……才有庸俊，气有刚柔，学有浅深，习有雅郑，并情性所铄，陶染所凝，是以笔区云谲，文苑波诡者矣。"从这些论述中可以看出，艺术家的个性特征是形成艺术风格的主观条件。艺术家各自的生活经历、思想观念、艺术素养、情感倾向、个性特征以及审美理想等都是影响个性化风格形成的主要因素，也是促成其艺术风格不断发生变化的基础。因此，要想作品具有非同一般的艺术特色或创作个性，我们就必须具有国际时尚的视野，从哲学、人文、科技，乃至全球文学宝库中不断汲取知识与营养，提高自身的文学艺术修养和审美情趣，寻找突破自我的方法和途径。

在时装画创作中，我们可以从人体动态以及画面整体氛围的营造等方面来进行个性化创新的探索。如西班牙风格主义大师、著名时装插画师阿图罗·埃琳娜（Arturo Elena），他用独特的思维重新演绎时尚，作品中的人物纤细妖媚，造型夸张，极具骨感美，是对现代追求瘦、高、直等审美观念的夸张和强调。人物的身体比例远远超越了黄金比例的九头身，达到了对于人体最大限度的拉长效果，人物身体比例虽然夸张却又不失真实感。可以说，夸张与写实这两种表现手法在阿图罗·埃琳娜（Arturo Elena）的作品里得到了最大限度的协调与平衡，具有强烈的视觉冲击效果和鲜明的个性特征，他是时装画创作中利用夸张人体形态的手法建立强烈的个性化风格的极富说服力的一个代表。除了对人体的个性化表达之外，我们还可以从画面整体氛围的营造方面进行创新，如装饰图案风格的背景处理等，瑞典时尚插画家丽斯罗特·沃特金斯（Liselotte Watkins）在画面整体氛围的营造方面具有强烈的个人风格特征，她的作品以电脑软件绘制，线条轮廓分明，色彩鲜艳明亮，富有强烈的装饰效果，作品融入了各种图案，如花、鸟、虫、草和规则的几何装饰图形等，作品中人物面部及服装线条流畅，采用色块化处理，线和面完美结合，表现出丰富的肌理效果，个性化风格鲜明。泰国插画师Ise Ratta Ananphada的作品，则结合了电影蒙太奇的处理手法，将多种元素穿插组合在同一画面中，整体画面前后景错落重叠，既相互映衬又相对独立，表现出强烈的叙事性风格特征，从而形成了其独特的个性化创新表达。

第二节　时装画主题特色的创新表现

每一幅时装画都有较为鲜明的表现主题，可以是服装服饰的主题性表现，也可以是整体画面风格的主题性表现，还可以是技法技巧的主题性表现，不论是何种表现形式，都必须对所有已知的主题元素进行统合和再创作。如果是以表现时装主题为主的时装画，其创新性就得在风格和技法方面下功夫，在此不多讲。除此之外，时装画的主题还可以另辟蹊径，可以是源于生活的再提炼，如时尚婚纱、服饰单品，包括各种时尚活动以及名人等，都可以成为创作主题，插画师温馨就曾以名模坎蒂丝·斯瓦内普尔（Candice Swanepoel）、时尚博主雷布·多丽丝（Doris Hobbs）等人为主题进行创作，人物神态怡然，衣着描绘细致，整体画面时尚大气。此外，中外经典的文学作品、艺术作品等也可以成为创作主题的灵感来源，将经典的故事情节或作品进行艺术提炼和二度创作，用时装画的时尚语言进行表达，赋予经典以时尚和现代气息。

第三节　时装画表现技法的创新表现

时装画从技法出发有很多种分类和表现方法。在创作手法上大致可分为两大类：写意与写实。写意在创作上重神不重形，主要以简洁、大气、明快的绘制形式来表现创作内涵和精神表达；而写实创作则重在真实质感与真实还原，以严谨的创作态度和精到的绘制手法为主要特色，重在"形神兼备"。从画法上分，有彩色铅笔、水彩、油画与材质工艺上的拼贴、蜡染、漆艺，以及电脑软件的数字服装画创作等。无论是何种画种或创作技法，都应该将该画种和技法完美融合到画作本身，同时在视觉元素的符号化选取与创作时，必须做到有理有据地有机融合，绝不能给人以牵强附会、不伦不类的乱搭乱画之感。如时装界大师迪奥（Dior），凭借多年的设计与实践经验，寥寥几笔就把一套尚处于设计理念阶段的时装的艺术品位与视效精髓精彩地提炼并呈现出来。

表现技法的立异是时装画创新的重要方法之一。可以分别从传统手绘技法和电脑绘图的现代表现技法两方面寻求突破。在传统手绘技法的创新方面，可以尝试多种技法的结合或者不同画种的相互借鉴，甚至尝试完全不相关的两种材料或工具相结合的方法。吴冠中先生认为，绘画创作应该打破工具和材料的束缚，"笔墨等于零"是他倡导的绘画宗旨，以此来突破传统画种或者材料固有观念上的限制。如民国时期郑曼陀在绘制月份牌服装画时独创的"擦笔水彩"技法，该技法是将中国的炭精画法和西方的水彩画技法相结合，在绘画时先用炭粉擦出人物的素描底子，然后用水彩晕染。这种技法绘出的月份牌人物服饰精致细腻，随后被杭穉英和金梅生深入研究并发扬光大。在电脑绘图方面，现在的绘图应用软件也越来越多、越来越便捷和多样化，手绘板的出现解决了之前电脑绘画中存在的画面相对生硬和色块缺乏变化的弊端，不同画笔和不同画种的多种设置使绘画方式的变化产生了无数可能性，这也为时装画的技法创新提供了更多的可能。如Kristian Russell的电脑时装画，强调明暗对比的撞色处理，强化了色彩的视觉冲击力，人物动态奔放夸张，加上剪影化的背景处理，整体画面具有强烈的时尚感和视觉效果。

下面是综合创意时装画欣赏。（图6-1—图6-33）

图6-1　综合创意时装画

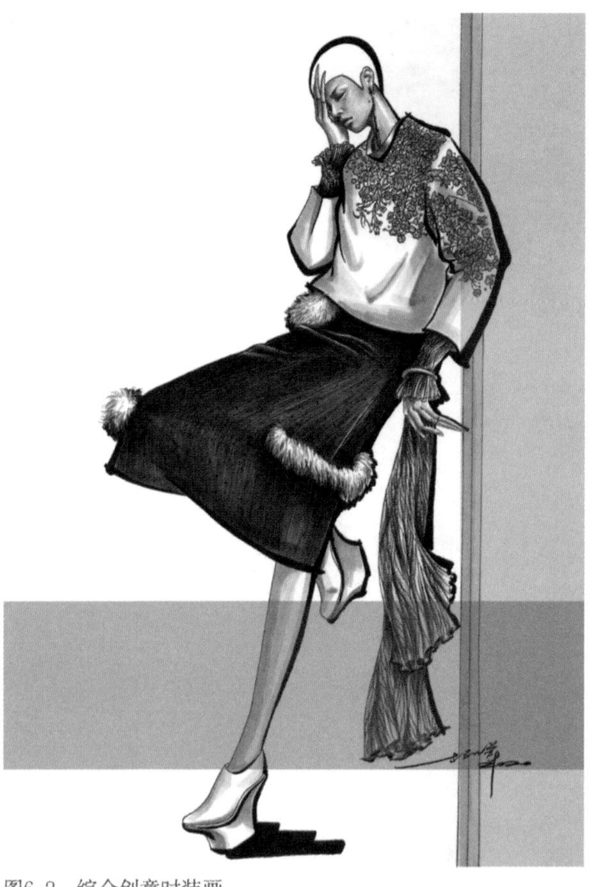

图6-2　综合创意时装画

图6-3　综合创意时装画

图6-4　综合创意时装画

图6-5　综合创意时装画

图6-6 综合创意时装画

图6-7　综合创意时装画

图6-8　综合创意时装画

图6-9　综合创意时装画

图6-10　综合创意时装画

图6-11　综合创意时装画

图6-12　综合创意时装画

图6-13　综合创意时装画

图6-14　综合创意时装画

图6-15　综合创意时装画

图6-16 综合创意时装画

图6-17　综合创意时装画

图6-18　综合创意时装画

图6-19　综合创意时装画

图6-20　综合创意时装画

图6-21　综合创意时装画　作者：程铁

图6-22　综合创意时装画

图6-23　综合创意时装画

图6-24　综合创意时装画

图6-25　综合创意时装画　作者：夏妍

图6-26　综合创意时装画　作者：余子砚

图6-27　综合创意时装画　作者：李琼舟

图6-28　综合创意时装画　作者：俞莞妞

图6-29　综合创意时装画　作者：刘蓬

图6-30 综合创意时装画 作者：温晓静

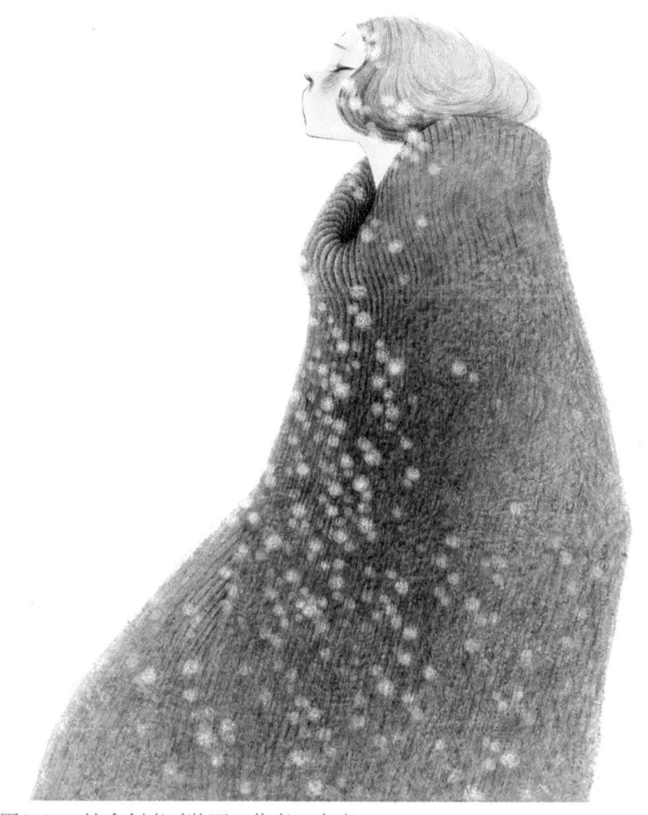

图6-31 综合创意时装画 作者：高岩

图6-32 综合创意时装画 作者：尹红

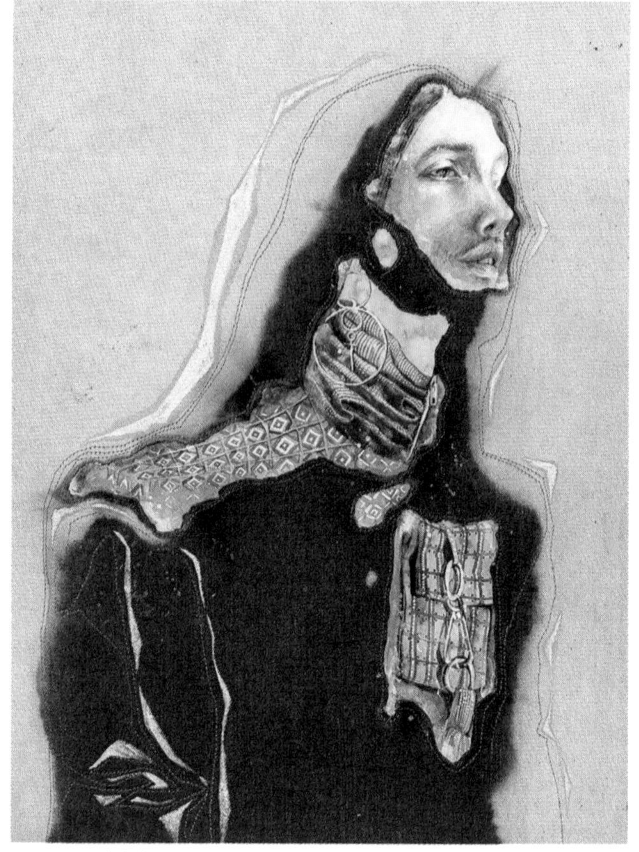

图6-33 综合创意时装画 作者：吴祥俊

思考题

时装画的创新性表现可以从哪几个方面进行思考?

作业题

综合创意表现时装画4张，用8开画纸。